→ Avant-propos

Partageons une science ambitieuse et fiable

Partager le quotidien, les aventures et les découvertes des chercheurs, comprendre leur regard sur le monde : en lançant *Carnets de science*, nous avions le désir de provoquer une rencontre, de vous faire pénétrer dans les coulisses de la recherche. Pari gagné pour ce premier numéro dont le succès a dépassé nos espérances. Vous avez confirmé notre hypothèse : oui, les sciences intriguent, fascinent, passionnent et invitent au débat. Vous êtes nombreux à vouloir franchir les portes des laboratoires ou accompagner des scientifiques en mission sur les terrains de la planète. Il nous fallait être à la hauteur pour les *Carnets* suivants. Dans ce numéro, nous misons une nouvelle fois sur la diversité – anthropologie, chimie, océanographie, philosophie, astronomie, écologie… Avec pour seule ligne de conduite, celle de vous offrir une science ambitieuse et fiable, à jour des connaissances.

La Rédaction

Oursin polaire

L'oursin antarctique, de son doux nom latin *Sterechinus neumayeri,* n'a pas froid aux piquants. La preuve, ce cliché pris à 15 mètres de profondeur aux abords de l'archipel de Pointe Géologie. Pendant ce temps, à la surface, les manchots empereurs s'ébattent sur la banquise qui, à cette saison, emprisonne les terres australes. Le petit invertébré aux épines flamboyantes n'est pas le seul à braver l'emprise du froid. D'autres espèces, aussi peu frileuses, ont été observées par les scientifiques du programme Revolta, lors de la mission 2016–2017. Les mécanismes biologiques qui leur permettent de résister à des températures aussi extrêmes demeurent encore méconnus.

→ Sommaire

Vivant | Sociétés | Terre | Matière

Univers

Numérique

Ingénierie

fig. 1 Fouilles dans la grotte d'El Sidron (Espagne), où douze spécimens néandertaliens apparentés ont été mis au jour. © A. Rosas

fig. 2 Reconstitution de l'homme de Spy, l'un des premiers Néandertaliens à avoir été mis au jour.
© AWPA ASBL

Néandertal, le cousin réhabilité

En mai 2016, dans la grotte de Bruniquel (Tarn-et-Garonne), des chercheurs ont daté à 178 000 ans environ des vestiges humains qui constituent la plus ancienne preuve d'occupation des grottes par l'Homme, en l'occurrence les premiers Néandertaliens. Leur découverte remet en cause l'image de Néandertal qui a prévalu jusqu'alors.

article écrit par Yaroslav Pigenet
mots-clés grotte de Bruniquel, *Homo sapiens*, évolution, espèces, génome

Il y a un an à peine, la publication d'une lettre [1] dans la revue *Nature* suscitait un certain émoi dans la communauté des préhistoriens. La raison ? On venait de dater à près de 178 000 ans des constructions manifestement d'origine humaine réalisées à partir de stalagmites brisées et rassemblées dans la grotte de Bruniquel, dans le Sud-Ouest de la France. *« D'un seul coup on a reculé d'à peu près 130 000 ans l'appropriation du monde souterrain par l'humanité »*, explique Jacques Jaubert, professeur de préhistoire à l'université de Bordeaux au sein du laboratoire Pacea – De la préhistoire à l'actuel : culture, environnement et anthropologie [2] et premier auteur de la découverte. Et il est vrai que jusqu'alors, les plus anciennes visites humaines de grottes avérées en Europe remontaient à 42 000 ans au maximum, la grotte Chauvet et ses fresques étant datées de 36 000 ans. *« Cette découverte a complètement bouleversé nos paradigmes car auparavant, pour la plupart des spécialistes, les grottes et leur exploration étaient le monopole de nos congénères* Homo sapiens, poursuit le chercheur. *Or, la datation obtenue prouve que celui qui a exploré et aménagé Bruniquel ne peut être que l'homme de Néandertal. »* C'est en effet le seul membre de la famille humaine à avoir occupé l'Europe entre 450 000 et 40 000 ans avant aujourd'hui. *« La découverte de Bruniquel est exceptionnelle,* confirme Bruno Maureille, directeur de recherche au CNRS et paléoanthropologue au Pacea. *Elle ouvre des perspectives inédites sur les comportements de Néandertal. »*

On pourrait s'étonner que des spécialistes s'enthousiasment d'avoir prouvé que celui qu'on a longtemps – et assez péjorativement – qualifié d'homme des cavernes... en était bel et bien un. En vérité, Bruniquel démontre bien plus qu'un simple passage de Néandertal dans les grottes. *« On ne se rend pas compte, à moins d'être spéléologue, de la difficulté qu'il y a à évoluer dans ce monde-là : il faut quand même cheminer pendant plus de 300 mètres dans la plus totale obscurité,* précise Jacques Jaubert. *Ce n'est pas anodin car cela implique, en plus de savoir où l'on va, de maîtriser un système d'éclairage portatif. Or jusqu'à présent, les vestiges de lampes avérés étaient tous plus récents que 35 000 ans. »*

Des constructions souterraines

En outre, et c'est probablement ce que la découverte a de plus spectaculaire, on a mis pour la première fois au jour des structures et des constructions néandertaliennes souterraines. *« Ils ont été sous terre et ils y ont aménagé l'espace,* souligne le chercheur, *il s'agit manifestement d'un projet collectif où des gens ont choisi quelles stalagmites arracher, les ont calibrées et les ont utilisées pour construire des structures annulaires pérennes. »* Jacques Jaubert se garde toutefois de toute surinterprétation de ces réalisations : *« Les éléments actuellement à notre disposition ne nous permettent que des conjectures tant sur les motivations des constructeurs que sur la fonction réelle de ces constructions. Habitation ? Dispositif de rétention d'eau ? Lieu de culte ? On n'en sait rien pour l'instant. Mais Bruniquel confirme que plus de 130 000 ans avant l'arrivée des hommes modernes, des sociétés néandertaliennes avaient développé un niveau de sophistication que l'on pensait propre à* Homo sapiens. *»*

De toutes les formes anciennes et disparues d'humanité, Néandertal est la première que nous ayons reconnue comme telle, il y a plus de cent cinquante ans. Elle demeure celle qui nous est la plus familière, celle pour laquelle nous disposons du plus grand nombre de fossiles, celle avec laquelle nous nous sommes le plus comparés, mais aussi celle sur laquelle nous avons le plus projeté nos préjugés raciaux. *« Le premier Néandertal a été sorti de terre en 1829 à Engis, en Belgique, mais c'est bien plus tard qu'il sera identifié,* rappelle Bruno Maureille. *On est alors trente ans avant la publication de* L'Origine des espèces *par Darwin, et personne ne veut imaginer qu'il ait pu exister une humanité antérieure à la nôtre, on range le fossile car on ne le considère pas comme préhistorique. »* Ce n'est qu'en 1864, après l'étude d'un squelette incomplet exhumé en 1856 de la vallée de Neander près de Düsseldorf, que des scientifiques vont cette fois y voir une espèce nouvelle qu'ils baptisent *Homo neanderthalensis. « À cette époque, nombreux sont ceux qui crient à la supercherie ou qui ne veulent voir dans ce squelette qu'un humain malformé,* explique le paléoanthropologue Antoine Balzeau, chercheur au laboratoire Histoire naturelle de l'Homme préhistorique [3]. *C'est la multiplication des découvertes, aux quatre coins de l'Europe, de spécimens partageant tous les mêmes traits anatomiques distinctifs qui finira par clore la controverse. »* Au début du XXe siècle, il est admis qu'une humanité préhistorique différente de la nôtre nous a précédés en Europe.

Aux origines de sa mauvaise réputation

Les critères morphologiques établis il y a plus d'un siècle pour caractériser un Néandertalien demeurent valables aujourd'hui : une large cage thoracique en forme de tonneau, des os plus massifs et un crâne aussi, voire plus volumineux que le nôtre, un front fuyant, des bourrelets osseux au-dessus des orbites, une face projetée en avant et une sorte de chignon osseux à l'arrière du crâne. Des caractères physiques qui, combinés aux préjugés raciaux de la Belle-Époque et au fait qu'on disposait alors de très peu d'indices sur son comportement, ont d'emblée conduit à fixer cette mauvaise image de Néandertal : une version mal

[1] « Early Neanderthal constructions deep in Bruniquel cave in Southwestern France », Jacques Jaubert *et al.*, *Nature* 534, 2 juin 2016, p. 111-114.

[2] Unité CNRS/Université de Bordeaux/Ministère de la Culture et de la Communication/École pratique des hautes études/Institut national de recherches archéologiques préventives.

[3] Unité CNRS/Muséum national d'histoire naturelle/Université Perpignan Via Domitia.

fig. 3 Mise en place d'un dispositif de mesure de champ magnétique dans la grotte de Bruniquel, Tarn-et-Garonne.
© E. Fabre/SSAC

fig. 4 En haut, crâne d'un *Homo sapiens* (abri Pataud). En bas, crâne d'un homme de Néandertal (site de la Ferrassie). On observe chez ce dernier une absence de menton et la présence de « bourrelets » au-dessus des orbites.

dégrossie, voire bestiale, de l'homme moderne. *« La rigueur et la pertinence des descriptions anatomiques réalisées par les premiers paléontologues qui ont défini* Homo neanderthalensis *contrastent avec les extrapolations erronées qu'ils en ont tirées quant à son apparence extérieure, son comportement ou ses compétences cognitives,* note la paléoanthropologue Silvana Condemi, directrice de recherche au laboratoire Anthropologie bio-culturelle, droit, éthique et santé (Adès) [4]. *Cela découlait tant de leurs préjugés sur ce que devait être une espèce humaine ancienne, que de la vision linéaire et finaliste que l'on avait alors – et que certains ont encore aujourd'hui – de l'évolution humaine : Néandertal était vu comme un brouillon d'homme moderne, le chaînon manquant entre le singe et l'homme. »* Cette idée simpliste, qui a perduré pendant la majeure partie du XXe siècle, d'une lignée humaine dont des espèces se seraient successivement remplacées à mesure qu'elles « progressaient » vers l'homme moderne, a été définitivement réfutée par les découvertes de ces vingt dernières années. *« La représentation de l'évolution humaine où l'australopithèque se redresse et se transforme en* Homo habilis *puis en* Homo erectus *et enfin en* Homo sapiens *doit sa popularité au fait qu'elle est facile à mémoriser et à comprendre,* relève Antoine Balzeau. *Le problème c'est qu'on sait aujourd'hui qu'elle est complètement fausse. »*

La plus européenne des humanités

Les mises au jour d'*Orrorin tugenensis*, de Toumaï, de l'homme de Florès ou de *Homo naledi* ont montré que la famille humaine n'a pas évolué selon une lignée, mais qu'elle se présente plutôt comme un buisson dont certaines branches ont disparu brusquement, dont d'autres se sont mélangées et dont une seule, la nôtre, persiste aujourd'hui. On s'est ainsi aperçu qu'à de nombreuses reprises, plusieurs espèces humaines s'étaient simultanément dispersées sur la Terre. Ce qui a d'ailleurs été le cas de Néandertal et de *Homo sapiens* durant près de 170 000 ans. *« Contrairement à* Homo sapiens *qui, à l'origine est une espèce africaine, Néandertal n'est pas arrivé en Europe. Il s'est différencié progressivement sur place il y a quelque 600 000 ans, à partir d'une espèce déjà présente sur le continent appelée* Homo heidelbergensis *– que certains de mes collègues n'estiment pas utile de distinguer des Néandertaliens,* précise Silvana Condemi. *Il occupe l'Europe où il s'individualise pendant une longue période, plus de 400 000 ans, survivant à plusieurs épisodes glaciaires et à plusieurs crises démographiques. Il y a environ 100 000 ans, il sort de son berceau européen pour rejoindre le Proche-Orient – où il s'accouple avec nos ancêtres qui viennent de sortir d'Afrique – et l'Asie, où l'on retrouve sa trace jusqu'en Sibérie et où il s'est croisé avec une autre espèce humaine locale révélée par la paléogénétique : l'homme de Denisova. »* La longévité et l'extension géographique de l'espèce démentent clairement la hiérarchie implicite qui, plaçant *Homo sapiens* au pinacle, faisait de Néandertal un « raté » de l'évolution. Si les Néandertaliens ont perduré un demi-million d'années, conquérant tout l'Ancien Monde à l'exception de l'Afrique et de l'Extrême-Orient, c'est bien qu'ils ont longtemps été parfaitement adaptés à leur milieu. Au moins autant que les hommes modernes, qui existent quant à eux depuis moins de 200 000 ans...

Les nouveaux outils dont se sont emparés les paléoanthropologues ont également beaucoup contribué à réhabiliter l'homme de Néandertal. *« Celui-ci a toujours bénéficié des dernières avancées scientifiques : c'est par exemple sur lui qu'au siècle dernier on va pratiquer les premières radiographies X,* s'amuse Bruno Maureille. *On va quand même connaître un tournant majeur quand, au milieu des années 1990, le généticien Svante Pääbo parvient à récupérer de l'ADN sur des squelettes de Néandertaliens. »* Même si quelques paléoanthropologues le contestent encore, cela a permis d'établir que *Homo neanderthalensis*

[4] Unité CNRS/Aix-Marseille Université/
Établissement français du sang.

était bel et bien une espèce distincte de *Homo sapiens*, mais aussi qu'elle était suffisamment proche de nous pour que ses représentant(e)s aient échangé leurs gènes avec certain(e)s de nos ancêtres. Ces idylles ponctuelles semblent s'être déroulées il y a 50 à 70 000 ans au Proche-Orient et elles expliquent pourquoi le génome des populations eurasiatiques actuelles comprend actuellement 1 à 4 % de gènes néandertaliens. Des travaux récents [5], dirigés par le généticien Luis Quintana-Murci, indiquent même que nous avons hérité de Néandertal une partie de notre système immunitaire : un legs génétique qui s'est probablement avéré très précieux quand notre espèce, tout juste sortie d'Afrique, s'est répandue en Europe où elle a dû affronter de nouveaux parasites et pathogènes. D'autres études ont montré qu'il possédait également la version du gène FOXP2 que l'on sait impliquée dans la capacité à produire un langage articulé. *« La génétique est venue étayer ce que les paléoanthropologues envisageaient déjà à partir des analyses anatomiques fournies par de nouvelles techniques d'imagerie : Néandertal utilisait probablement un langage. Il apparaît en effet qu'il possédait les structures que notre propre espèce utilise pour produire et comprendre le langage : un os hyoïde qui rendait possible la vocalisation, une oreille interne capable de percevoir les phonèmes et un cerveau montrant des structures similaires à celles de Broca et de Wernicke »*, précise Silvana Condemi.

Le réexamen systématique des traces archéologiques [encadré] à notre disposition a fini de déconstruire le portrait de Néandertal en brute épaisse. Tout indique aujourd'hui que Néandertal était un très bon chasseur, capable de traquer petit et gros gibier, mais qu'il lui arrivait aussi de se nourrir de végétaux et de fruits de mer, qu'il maîtrisait parfaitement le feu, qu'il inhumait parfois ses morts, qu'il pouvait s'approprier les espaces souterrains comme à Bruniquel et qu'il avait su développer des technologies complexes pour fabriquer ses outils. Preuve manifeste de ses capacités cognitives et manuelles évoluées : sa maîtrise de la technologie dite « Levallois », une méthode de débitage de la pierre qui permet de prédéterminer les éclats qu'on va détacher du bloc de silex afin d'obtenir des outils d'une forme particulière. *« Le niveau de dextérité et de coordination manuelle ainsi que les capacités d'abstraction, de conceptualisation et de planification de l'action requis pour maîtriser le Levallois n'ont rien à envier à ceux mobilisés par l'homme moderne pour fabriquer ses propres outils*, souligne Nicolas Teyssandier, chercheur au laboratoire Traces, Travaux et recherches archéologiques sur les cultures, les espaces et les sociétés [6].

Des sociétés différentes des nôtres ?

Mais si ces deux humanités pouvaient penser autant, plusieurs indices semblent montrer qu'elles pensaient différemment. *« En Europe, dès le début du Paléolithique supérieur,* Homo sapiens *peint dans les grottes et il utilise de plus en plus souvent des parures. Il commence aussi à se servir des armes naturelles des animaux, par exemple les bois de rennes, pour en faire de redoutables lances. Néandertal était capable de tout cela, mais il ne l'a pas fait*, remarque le chercheur. *Cela pourrait témoigner d'un autre rapport aux animaux, à la nature et au monde en général. Par ailleurs, Néandertal tendait à se limiter aux matières premières locales, à la différence de l'homme moderne, qui pouvait utiliser des matières premières dont l'origine se situait à plusieurs centaines de kilomètres de leur lieu d'usage. Cela plaide pour l'existence de sociétés disposant de modes de transmission des informations, des biens et des personnes bien plus développés chez* Homo sapiens *que chez Néandertal. »* Une organisation « sociale » qui pourrait avoir contribué à l'extinction des seconds et favorisé la survie des premiers. Malgré tout, si Néandertal était incontestablement différent, rien ne permet

[5] « Genetic adaptation and neandertal admixture shaped theimmune system of human populations », Hélène Quach *et al.*, *Cell* 167, issue 3, 20 octobre 2016, p. 643-656.

[6] Unité CNRS/École des hautes études en sciences sociales/Université de Toulouse Jean Jaurès/Ministère de la Culture et de la Communication/Institut national de recherches archéologiques préventives.

fig. 5 Nucléus Levallois (en haut) et pointes moustériennes (en bas) en silex produits par l'homme de Néandertal. Le nucléus est ce qui reste du bloc de pierre une fois taillé. Les éclats qui en ont été détachés par percussion ou par pression servent de pointes, de lames ou de racloirs.

fig. 6 Moulage du squelette complet de Néandertal de La Chapelle-aux-Saints.

plus d'affirmer qu'il était moins sophistiqué que ne l'étaient nos ancêtres.

« Plusieurs travaux, notamment ceux de Francesco d'Errico, directeur de recherche à Pacea, indiquent que Néandertal avait lui aussi des préoccupations esthétiques puisqu'il collectait des coquillages, des serres d'aigle ainsi que des pigments tels que l'ocre ou le manganèse », rappelle Bruno Maureille. De plus, même si son interprétation demeure controversée, la récente découverte [7] à Gibraltar d'une gravure rupestre vieille de 39 000 ans attribuée à Néandertal (et ressemblant étrangement à un hashtag) a procuré un nouvel argument à ceux qui pensent que notre espèce n'a pas été la seule à développer une pensée symbolique. *« Il est toujours délicat d'interpréter à partir de traces anciennes le sens des gestes d'une humanité disparue, mais il faut bien reconnaître que ce que certains collègues ont appelé le "complexe de supériorité de l'homme moderne"* [8] *est sérieusement ébranlé,* relève Antoine Balzeau. *Une revue systématique des vestiges mis au jour montre qu'avant 35 000 ans, soit une poignée de siècles avant leur extinction, les réalisations attribuées aux Néandertaliens sont d'une complexité technique équivalente à celle qu'on attribue au même moment à leurs contemporains modernes. »* L'infériorité technique des réalisations néandertaliennes ne serait qu'une illusion chronologique : Néandertal n'était pas en

Nouveaux outils, nouvelles perspectives

Encadré

La paléogénétique n'est pas le seul moteur de la recherche sur l'évolution biologique de l'humanité. Une nouvelle manière d'interroger et d'interpréter les données archéologiques a également fait progresser nos connaissances sur le sujet. *« Il y a eu de gros changements dans nos méthodes d'analyse des vestiges,* assure le préhistorien Nicolas Teyssandier. *Auparavant, nous nous cantonnions à une vision figée et unidimensionnelle de l'outil : on se servait de sa typologie pour caractériser des périodes et établir des chronologies relatives en fonction de la forme et de la position des outils dans les couches géologiques. Désormais, on s'efforce d'en avoir une vision dynamique allant de l'acquisition de la matière première, son éventuel transport au lieu de fabrication, jusqu'à l'articulation des différents procédés de fabrication et d'utilisation. »* Cette approche, qui fait collaborer des chercheurs en physique nucléaire, en ethnologie ou en biologie, a notamment permis de mieux comprendre le fonctionnement et l'économie des sociétés néandertaliennes. *« Nos laboratoires sont devenus massivement pluridisciplinaires. D'autant qu'avec la démocratisation de l'informatique et la possibilité d'accéder à des outils autrefois réservés à d'autres disciplines, de nouveaux dispositifs d'imagerie, de datation, d'analyse isotopique, de reconstitution virtuelle ou de modélisation mathématique nous ont permis de réexaminer, réinterpréter et finalement mieux comprendre le phénotype, le comportement, les environnements et la répartition géographique des Néandertaliens »*, constate Bruno Maureille.

retard, mais il a disparu tandis que sapiens, qui a survécu et continué à évoluer, a eu la possibilité d'innover, de perfectionner ses outils et de développer ses talents artistiques.

Une disparition encore énigmatique

Mais d'ailleurs, sait-on vraiment à quel moment Néandertal s'est éteint, définitivement supplanté par son cousin « moderne » ? *« Connaître les dates exactes de disparition ou d'apparition pour une espèce donnée est impossible,* avertit Antoine Balzeau. *Ce que l'on peut affirmer, c'est que les plus récents squelettes néandertaliens à peu près bien conservés sont ceux de Spy en Belgique, datés à 36 000 ans, et les plus récents restes épars ceux de Vindija en Croatie, datés à 32 000 ans. »* Certaines équipes ont affirmé avoir retrouvé des restes néandertaliens vieux d'à peine -25 000 ans à Gibraltar, mais ces datations ne sont pas directes et reposent sur des modèles statistiques qui ne font pas consensus chez les préhistoriens. *« Les plus anciens ossements de* Homo sapiens *européens identifiés avec certitude sont ceux que l'on a retrouvés à Pestera cu Oase en Roumanie, ils sont datés d'environ 36 000 ans,* poursuit le paléoanthropologue. *Or l'analyse de leur ADN a révélé que l'individu à qui ils appartenaient avait des arrière-arrière-grands-parents néandertaliens !* Sapiens *et Néandertal se sont certes croisés, mais ils n'ont cohabité que quelques siècles sur notre continent, et sur de petits territoires. »*

Quand on en vient aux raisons de la disparition de Néandertal, les chercheurs se montrent très prudents. Même s'ils ont déjà pu éliminer les explications les plus simplistes, à commencer par celle d'un génial *Homo sapiens* écrasant cognitivement et techniquement son cousin néandertalien arriéré. Peu croient encore à l'hypothèse d'un génocide perpétré par les hommes modernes à l'encontre de Néandertal : il y aurait des traces de charniers que l'on n'a jusqu'ici jamais trouvées. Ils écartent également une mauvaise adaptation aux variations climatiques : cela aurait autant, voire plus affecté un *Homo sapiens* à peine sorti d'Afrique qu'un Néandertal qui évoluait en Europe depuis 500 000 ans.

Cette disparition résulte plus probablement de la combinaison de multiples facteurs tant externes qu'internes. *« On sait qu'entre -49 000 et -46 000, l'Europe connaît une relative amélioration des conditions climatiques qui rend accessibles de nouveaux territoires dans lesquels les Néandertaliens, qui étaient déjà probablement peu nombreux à cette époque, vont se disperser,* indique Bruno Maureille. *Ce phénomène a pu accentuer l'isolement de ces populations et diminuer la possibilité de circulation des idées, et donc des innovations : juste avant l'extinction, on note ainsi que certains groupes néandertaliens avaient commencé à développer de nouvelles productions culturelles, tandis que d'autres sont restées ancrées dans les productions néandertaliennes archaïques. »* Affaiblis démographiquement, évoluant au sein de populations génétiquement peu diversifiées et trop isolées géographiquement pour partager leurs innovations, *« les Néandertaliens ont fini par disparaître en tant que culture et en tant qu'espèce, mais ils nous ont laissé en héritage une petite partie de leur génome,* conclut Silvana Condemi. *En ce sens, Néandertal n'a pas complètement disparu. »*

[7] « A rock engraving made by Neanderthals in Gibraltar », Joaquín Rodríguez-Vidal *et al.*, *PNAS* 111 (37), 16 septembre 2014, p. 13301-13306.

[8] « Neandertal demise : an archaeological analysis of the modern human superiority complex », P. Villa & W. Roebroeks, *PLoS One* 9(4) : e96424, 30 avril 2014.

fig. 7 Homme de La Chapelle-aux-Saints (homme de Néandertal), reconstitution d'après son squelette, dessin par Frantisek Kupka aidé de Marcellin Boule, 1909.

fig. 8 Une reconstitution moderne de Néandertal.

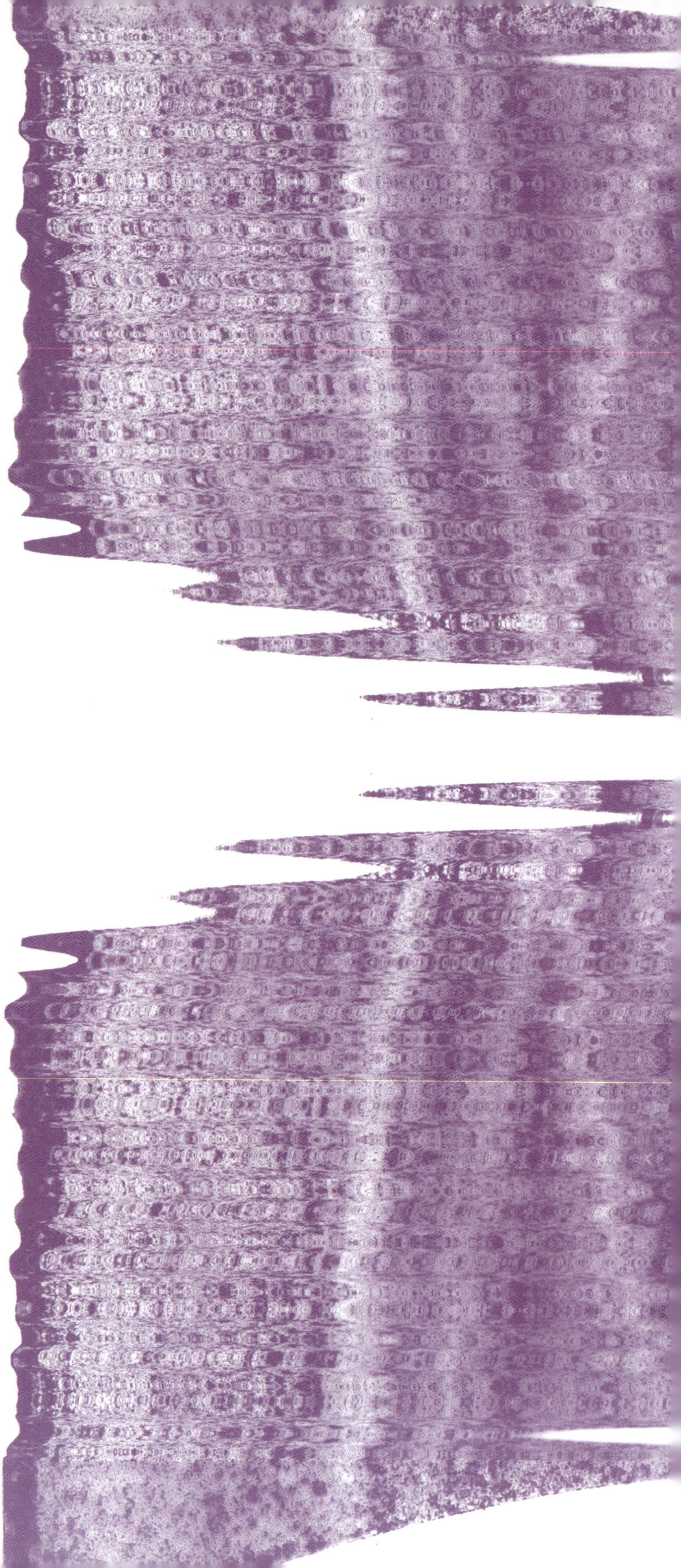

Les puissances de l'espace

Alors que de nouveaux pays, comme la Chine, l'Inde ou la Suède, investissent dans l'espace et ses technologies, où en sommes-nous des rapports entre les puissances mondiales ? La géographe Isabelle Sourbès-Verger, du centre Alexandre-Koyré, fait le point sur la géopolitique spatiale actuelle.

entretien réalisé par Guillaume Brionnet
lieu Centre Alexandre-Koyré (CNRS/École des hautes études en sciences sociales/Muséum national d'histoire naturelle)
mots-clés guerre froide, vol habité, Mars, Orion, coopération, tourisme spatial

***Spoutnik 1*, le premier satellite de l'histoire, a été lancé en 1957 par l'URSS, ouvrant la voie à une course avec les États-Unis : soixante ans plus tard, où en sommes-nous de ce rapport de force ?**

Isabelle Sourbès-Verger : En 1957, les deux superpuissances étaient les seules puissances spatiales. Aujourd'hui, plus d'une dizaine de pays ont leurs propres moyens spatiaux, même si ce club demeure peu ouvert. Par ailleurs, si l'espace est partout dans notre vie quotidienne, la capacité de l'Homme à aller au-delà reste un vrai défi : ainsi le premier vol habité vers Mars n'a toujours pas été réalisé !

La NASA envisage ce premier vol martien dans une quinzaine d'années. Or en 1969 déjà, elle l'imaginait en 1984. Puis les annonces similaires des présidents Bush père et fils sont restées sans lendemain. Pouvons-nous enfin y croire ?

I. Sourbès-Verger : Difficile à dire… La NASA fait régulièrement ce genre d'annonce, c'est normal, c'est un peu sa raison d'être puisque les missions Apollo l'ont rendue célèbre. Sauf à renoncer à son identité, je ne la vois pas tenir un autre discours concernant la présence de l'homme dans l'espace. D'autant qu'un lobbying très fort d'industriels vit toujours du secteur spatial habité, et que certains directeurs de la NASA ont été d'anciens astronautes… L'idée d'envoyer un homme vers Mars est donc toujours restée présente. Au sujet des annonces présidentielles, quand Bush père puis fils promettent le retour sur la Lune puis l'envoi d'expéditions sur Mars, ils recherchent un petit côté Kennedy bis et se réfèrent à la nécessité d'une « vision »… Là encore, cela relève plus du mythe de l'homme politique fixant de grands projets et affirmant le rôle de l'Amérique que d'une programmation objective et rationnelle.

Il y a eu une rupture avec Barack Obama…

I. Sourbès-Verger : Une énorme, et même une double rupture ! Non seulement Obama n'a pas promis Mars, mais il a même stoppé le programme Constellation de retour sur la Lune lancé par Bush fils. Celui-ci se proposait d'utiliser la Lune comme première étape d'un voyage habité vers Mars, et il ne voulait surtout pas laisser les Chinois être les seuls à avoir des projets lunaires… Pour Obama, la Lune avait déjà été conquise en 1969 : il a préféré se projeter dans le futur et proposer une rupture technologique avec le vaisseau *Orion* destiné à emporter des hommes au-delà de l'orbite basse.

Le programme Orion est tout de même censé amener ensuite l'Homme sur Mars…

I. Sourbès-Verger : Il s'agit pour les États-Unis d'affirmer un nouveau leadership technologique après la fin de la *Navette spatiale.* La desserte de la Station spatiale internationale (ISS) va s'effectuer par des vaisseaux privés et a priori l'exploitation de l'ISS va s'arrêter en 2025… Le seul objectif disponible sera donc la Lune, puis Mars. Il n'y a guère le choix !

Mais le développement de ce vaisseau est-il suffisamment avancé pour que cette fois-ci, les Américains tentent d'aller jusqu'au bout ?

I. Sourbès-Verger : Pour regagner la Lune, probablement. Mais se poser sur Mars et en revenir sera extrêmement coûteux et suppose le développement de technologies dont on envisage mal les autres applications. Dans le contexte actuel, j'imagine difficilement un politique se lancer dans un programme pareil. S'il cherche à nouveau de grands défis pour nourrir la fierté nationale, je pense que des projets en robotique peuvent faire autant rêver que l'envoi sur Mars d'un homme en scaphandre, surtout s'ils sont l'objet de campagnes médiatiques bien orchestrées… et ils seront plus profitables sur le plan des retombées.

Ces multiples annonces sans lendemain, n'est-ce pas symptomatique du fait que la NASA se cherche ces dernières années ?

I. Sourbès-Verger : Elles sont symptomatiques de la dépendance du secteur spatial vis-à-vis de son environnement politique et donc médiatique. Quand Kennedy demande à la NASA d'envoyer l'Homme sur la Lune, il lui demande aussi de garantir que les satellites télécoms nécessaires pour une retransmission en direct de cet exploit seront disponibles : sans images télé possibles, aurait-il décidé le programme Apollo ? Kennedy était désespérément en quête d'un projet destiné à restaurer l'image de l'Amérique comme puissance technologique inégalée, une image écornée par les premiers exploits spatiaux soviétiques (Spoutnik, Luna, Gagarine…). Comme le spatial fait aujourd'hui partie de notre quotidien, on n'est plus du tout dans ce contexte.

Finalement, puisque l'Amérique n'est même plus capable d'envoyer des hommes dans l'espace, est-ce encore vraiment une puissance spatiale ?

I. Sourbès-Verger : Oh oui, et même une hyperpuissance spatiale ! Ils sont même la seule hyperpuissance. Entre les activités civiles et militaires, elle dépense chaque année plus de 40 milliards de dollars. L'Europe y consacre 7 milliards et la Russie 5 milliards. D'accord, on

fig. haut Isabelle Sourbès-Verger.

fig. bas L'astronaute américain Neil Armstrong est le premier homme à marcher sur la Lune le 21 juillet 1969.

fabrique pour moins cher en Russie, mais tout de même… Plus de la moitié du budget spatial nord-américain est militaire : grâce au spatial, l'armée dispose de constellations de satellites sans équivalent qui lui assurent sa supériorité à l'échelle mondiale. Et dans le domaine civil, les retombées d'un système comme le GPS montrent bien le degré de dépendance technologique des autres pays depuis les années 1980. Voilà moins de dix ans que les Russes ont réussi à reconstituer leur propre système Glonass, et c'est bien pour afficher leur indépendance que les Européens ont voulu créer Galileo, tandis que les Chinois développent Beidou. Les Indiens envisagent un système régional et les Japonais cherchent à se doter d'un moyen de ne pas totalement dépendre des États-Unis… Sur le plan militaire, la deuxième puissance spatiale, c'est la Russie. Mais la comparer aux États-Unis, c'est un peu comme comparer une 2 CV et une Rolls Royce !

Sauf qu'aujourd'hui, la Rolls Royce est au garage… puisque seuls les Russes et les Chinois envoient des hommes dans l'espace !

I. Sourbès-Verger : Qu'importe, puisque les États-Unis sont en train de développer Orion ! En revanche, là où la grandeur de l'Amérique dans l'espace s'est réellement brisée, c'est quand la NASA s'est rendu compte qu'elle avait fait le mauvais choix avec le programme de la *Navette spatiale*, et qu'elle a souhaité développer un vaisseau plus simple pour rejoindre l'ISS : les politiques américains se sont montrés peu enclins à financer un vaisseau qui, dans son principe, évoquait le retour aux années 1960… Ils ont préféré acheter des vols à la Russie, tout en encourageant le secteur privé.

Après toutes ces années sans vol habité, les États-Unis ne risquent-ils pas de perdre un savoir-faire ?

I. Sourbès-Verger : Ce n'est pas en fabriquant un *Soyouz* bis qu'ils allaient maintenir un savoir-faire ! En revanche, en 2010, l'armée a lancé le *X-37B*, une mini-navette automatique qui fonctionne très bien et dont on ne sait d'ailleurs pas quel est le rôle précis… Donc non, ils n'ont rien perdu en savoir-faire. Pour les États-Unis, l'espace est un lieu de dépassement technologique, qui permet d'autres innovations garantissant une avance significative. Le *X-37B* et le vaisseau *Orion*, qui constituent de vraies ruptures technologiques, sont dans cette logique. Exactement l'inverse de la mentalité russe, qui préfère améliorer ce qu'elle maîtrise.

L'arrivée de Donald Trump au pouvoir pourrait-elle rebattre les cartes ?

I. Sourbès-Verger : Non. A priori, dans le spatial, il ne prône pas de renversement. Ce qu'il dit reste dans la continuité de la politique spatiale de leadership du pays. C'est plutôt le programme scientifique de la NASA consacré à la compréhension du changement climatique qui est menacé.

Cela pourrait-il compromettre le travail du Groupe d'experts intergouvernemental sur l'évolution du climat (GIEC) ?

I. Sourbès-Verger : Pour la recherche sur le climat, les satellites nord-américains ne sont pas les seuls outils disponibles. Et puis la NASA va sans doute sauver sa participation aux programmes actuels du GIEC en faisant valoir les accords de coopération déjà signés. Mais quid des programmes futurs ? C'est là un vrai sujet d'inquiétude car la continuité dans les séries de données est un point essentiel.

Le moteur de la conquête spatiale habitée aura été la guerre froide… Le retour d'une situation internationale tendue pourrait-elle la raviver ?

I. Sourbès-Verger : Il n'est pas évident que la dimension symbolique de la guerre froide ait été le seul moteur. Juste avant d'être assassiné, Kennedy avait proposé aux Russes d'explorer la Lune ensemble, on en parle peu. Probablement parce qu'il commençait à trouver le programme très cher – le coût a vite dérivé – mais aussi pour avoir un droit de regard sur les activités russes, car vous ne pouvez pas coopérer sans que l'autre ne vous montre ce qu'il fait. C'est sans doute pour cela que les Soviétiques n'ont pas répondu à sa proposition. D'autant qu'en URSS, l'industrie spatiale civile et militaire ne faisait qu'une, contrairement aux États-Unis. Les Soviétiques n'allaient pas révéler les capacités et les faiblesses de leur complexe militaro-industriel... Que la tension internationale relance aujourd'hui l'exploration habitée, beaucoup en rêvent, mais je n'en suis pas du tout convaincue. C'est cette même idée de concurrence que certains mettent en avant dans l'analyse des ambitions chinoises. De fait, quand des sanctions ont été prises envers la Russie après l'invasion de la Crimée, la question de la desserte de la Station spatiale internationale a été curieusement oubliée... Sinon on n'avait plus qu'à la fermer puisque son accès n'est actuellement assuré que par les *Soyouz* russes ! Et ce qui est intéressant, c'est que les Russes n'ont rien dit de leur côté non plus, car ils n'avaient aucun intérêt à faire monter les enchères dans ce domaine.

Peut-être aussi parce que cette coopération est ancienne ?

I. Sourbès-Verger : Oui, elle remonte véritablement à 1991. À la chute de l'URSS, le Sénat des États-Unis s'est inquiété du délitement du complexe militaro-industriel soviétique. Au même moment, les États-Unis avaient du mal à financer simultanément la *Navette spatiale* et la fabrication d'une station spatiale. Ils ont souhaité que les Russes deviennent des partenaires non seulement par souci d'économie, mais aussi pour faciliter le transfert des technologies de leur complexe militaro-industriel dans le secteur civil. C'est ainsi que le projet Freedom est devenu la Station spatiale internationale. Celle-ci a même démarré avec deux modules russes, inclinés à 51 degrés, soit la latitude de Baïkonour. Cela compliquait pourtant la desserte par la *Navette spatiale* et l'assemblage à venir des modules américains... mais là encore, la logique politique l'a emporté.

La Chine, elle, semble engagée dans une politique nationaliste avec en priorité les vols habités...

I. Sourbès-Verger : Non. La Chine favorise avant tout les technologies spatiales pour leur contribution à son développement économique et à sa gestion du territoire : pour un pays si grand, il sera toujours moins coûteux d'utiliser des satellites de télécom que de dérouler des câbles à travers les déserts sur des milliers de kilomètres... La valeur symbolique du spatial est très forte en Chine, mais il s'agit d'affirmer ainsi sa modernisation et son accès au même niveau technologique et scientifique que les anciennes grandes puissances colonisatrices. C'est différent de notre lecture. En 2003, un chauffeur de taxi à Pékin m'a dit : *« D'accord, nous venons d'envoyer des hommes dans l'espace, c'est super, mais la Chine sera vraiment une grande puissance le jour où elle aura des prix Nobel. »* Globalement, leur budget spatial n'est d'ailleurs pas si élevé : on parle de 5 à 6 milliards de dollars... Or les Chinois ont un programme scientifique très ambitieux : il veulent faire des télécoms, de l'observation de la Terre, de la science... Alors, pour le vol habité, il ne reste pas grand-chose et pour la Lune, encore moins. Certes, la Chine a envoyé ses premiers taïkonautes en 2003 dans une logique d'affirmation, mais à prix contrôlé. Et elle est seulement en train de développer un laboratoire orbital ! L'URSS a mis sur orbite sa première station spatiale dix ans après le vol de Gagarine, et c'était la première au monde. Le programme habité n'est pas au cœur du programme spatial chinois, et il n'a pas vocation à le devenir. Il y a bien d'autres applications civiles et militaires prioritaires.

Mais la Chine innove-t-elle par rapport aux autres puissances ?

I. Sourbès-Verger : Non pas du tout, mais est-ce un problème si elle parvient à faire la même chose que les autres ? Elle s'est dotée de laboratoires aux matériels performants et d'un budget solide pour la recherche, car elle souhaite rejoindre rapidement le top mondial des publications scientifiques. Curieusement, la Russie vit mieux que la Chine de ne pas être au sommet de la recherche scientifique parce qu'elle s'abrite encore derrière son image de puissance appuyée par des capacités militaires. Dans le secteur du spatial, les Russes affichent un fort sentiment de supériorité sur les Chinois, car ils considèrent que ceux-ci ne font que copier, quand eux ont ouvert des voies nouvelles, ce qui est vrai. Mais dans certains domaines, les satellites chinois sont désormais plus performants que les russes.

Comment expliquer que la Chine, devenue en quelques années l'une des grandes puissances spatiales mondiales, reste en marge des coopérations internationales ?

I. Sourbès-Verger : Cela tient essentiellement à la politique nord-américaine vis-à-vis de la Chine. À la fin des années 1990, le Rapport Cox a illustré les préoccupations du Congrès sur les risques que les relations commerciales faisaient courir à la sécurité nationale. Il a mis en avant le fait que la coopération spatiale imposait des transferts de technologies tellement sensibles qu'il était exclu de poursuivre dans cette voie. Le lancement en grappe de plusieurs satellites de télécoms privés américains *Iridium* par un lanceur chinois *Longue Marche* en a été l'un des exemples. Il supposait en effet l'usage d'une technologie fournie à la Chine par les industriels permettant la mise sur orbite simultanée de plusieurs satellites. Selon le rapport, cette technique aurait pu être copiée et détournée pour permettre le lancement de plusieurs ogives en cas de frappe nucléaire, ce qui représentait une menace pour la sécurité des États-Unis… Mais les Chinois ne sont pas totalement isolés pour autant, ils coopèrent avec les Russes. Et surtout, dans la mesure où ils ne sont pas tenus par les contraintes que les États-Unis imposent à leurs partenaires en matière de transferts de technologies, ils peuvent fournir les technologies qu'ils veulent à qui ils veulent.

États-Unis, Russie et Chine… Vous venez de décrire le podium spatial ?

I. Sourbès-Verger : Attention, il y a également l'Europe et le Japon ! Les vols habités ont un fort impact médiatique, mais d'autres missions moins souvent citées, comme les sondes planétaires, sont révélatrices d'une capacité technologique de très haut niveau. À ce titre, l'Europe ou le Japon font partie d'un premier cercle, même s'ils ne maîtrisent pas de programme de vols humains autonomes. Parmi les grandes puissances spatiales, il y a d'abord effectivement les États-Unis, hors catégorie. J'aurais tendance à penser que l'Europe est la deuxième puissance spatiale, ou éventuellement la Russie, mais pas la Chine. La Russie a encore une maîtrise technologique que la Chine ne possède pas. Quant au Japon, si son budget n'est pas très élevé, c'est un pays très innovant. Parmi ses réussites, avoir rapporté les premiers d'échantillons d'astéroïdes et avoir été le troisième pays autour de la Lune… Mais l'ADN classique du spatial, souveraineté et pouvoir d'influence, ne colle pas très bien avec celui du Japon. Depuis la fin de la Seconde Guerre mondiale, ce ne sont pas des thèmes au cœur de la politique japonaise. L'Inde vient ensuite : elle privilégie les applications et elle dépend beaucoup des coopérations. Et son budget n'est que de un milliard de dollars… La grande originalité de l'Inde, c'est de réussir à faire du spatial à moindre coût, selon la formule dite de l'innovation frugale (« jugaad »). Les Indiens ont ainsi réussi à mener une mission martienne avant la Chine. Scientifiquement, l'ambition de Mangalyaan était encore

modeste mais elle a coûté seulement 74 millions de dollars : moins cher que la réalisation du film *Gravity* ! En termes d'image internationale, le résultat a été impressionnant.

Comment s'expliquer que l'Europe demeure le leader mondial des activités spatiales commerciales depuis trente ans ?

I. Sourbès-Verger : Elle est leader des activités commerciales, certes… mais seulement de lancement, et avec pas plus d'une dizaine de tirs par an. Pour nous, Européens, c'est essentiel : on a peu de satellites gouvernementaux et militaires à lancer comparé à d'autres puissances spatiales. Si on n'a pas de clients commerciaux en plus, on ne peut pas rentabiliser notre lanceur et notre base spatiale. Aux États-Unis, le gouvernement achète aux entreprises quarante lancements par an à un prix élevé : qu'est-ce que ça leur rapporterait de tirer les prix vers le bas ? Les seuls pour qui cela aurait du sens sont les nouvelles sociétés privées comme Virgin Galactic et SpaceX, qui prétendent développer un modèle commercial en cassant les prix. C'est pour faire face à cette nouvelle concurrence que les Européens ont décidé *Ariane 6*. En revanche, dans le secteur des satellites télécoms, qui rapporte beaucoup plus d'argent que celui des lancements, les États-Unis remportent la plus grosse part du marché, et de très loin !

C'est donc par défaut que l'Europe possède son seul leadership spatial ?

I. Sourbès-Verger : Non, c'est simplement une niche où l'on s'est intelligemment positionné et où l'on se bat durement. Cela suppose des deals internationaux : par exemple, on lance régulièrement des satellites indiens sur orbite géostationnaire, alors que les Indiens lancent de petits satellites européens sur orbite basse. Dans quelques années, si les lanceurs de SpaceX et Virgin Galactic fonctionnent à un coût réduit, cela deviendra bien plus compliqué pour l'Europe de garder sa position.

fig. Le 24 avril a été décrété Journée de l'espace en Chine, pour célébrer l'anniversaire du premier lancement d'un satellite chinois. ©Z.Xudong/XINHUA-REA

fig. haut Au centre spatial Kennedy, en Floride, les ingénieurs de la NASA examinent le vaisseau *Orion* après son premier vol réussi en décembre 2014. ©2015 by NASA/ZUMA/REA

fig. bas Vue d'artiste du vaisseau *Red Dragon* sur Mars, imaginé par la société SpaceX. ©Z.Wire/ZUMA/REA

infographie ©ISV-RG

LES PRINCIPAUX INVESTISSEMENTS DANS LE SECTEUR SPATIAL

p.9/11

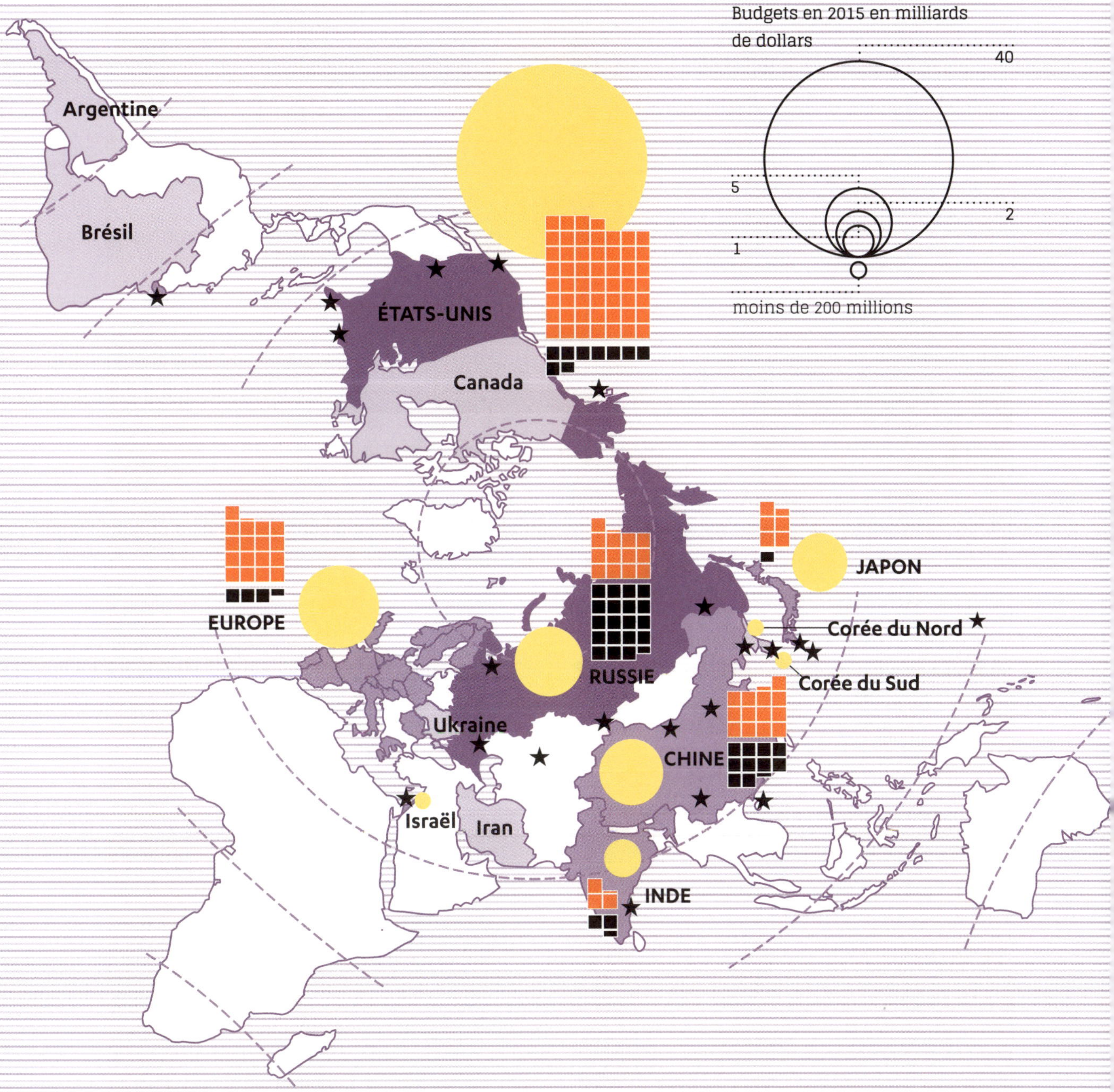

Bases en 2015

★ Bases de lancement en activité ou en construction

Satellites en activité au début de 2015

■ 10 satellites

Main-d'œuvre dans le secteur spatial

■ 10 000 personnes

Part du budget spatial dans le PNB

● moins de 0,25 ‰

● de 0,4 à 2 ‰

● plus de 2 ‰

Ces dernières années, l'Union européenne semble affronter une crise. L'Europe spatiale parvient-elle encore à parler d'une seule et même voix ?

I. Sourbès-Verger : À la dernière réunion interministérielle, début décembre 2016, l'Agence spatiale européenne (ESA) a obtenu le budget qu'elle souhaitait. Mais l'ESA ne fonctionne pas du tout comme l'Union européenne : il y a pour chaque État membre un programme obligatoire financé au prorata du PNB national, et chacun reçoit en commandes industrielles l'équivalent de ce qu'il investit. Pour l'Union européenne, acteur politique du spatial, c'est un peu plus compliqué, ses règles sont plus libérales : pour attribuer les marchés, la préférence économique l'emporte. Alors, pour le programme de navigation Galileo, mené à la fois par l'Union et par l'ESA, faire cohabiter les deux types de fonctionnement s'est avéré très compliqué. Les principes de l'Union l'ont d'abord emporté, avec la mise en place d'un modèle public-privé supposant un investissement des industriels. Sauf qu'aux États-Unis comme en Russie, les systèmes de navigation ont été financés sur budget public uniquement. Les industries spatiales européennes qui ne bénéficient pas du même nombre de commandes gouvernementales que leurs concurrentes nord-américaines ne pouvaient pas l'assumer, cela n'avait pas de sens ! Il a fallu détricoter le modèle, en élaborer un nouveau… et on a pris cinq ans de retard.

La France a été la première puissance spatiale en Europe. A-t-elle toujours ce rang ?

I. Sourbès-Verger : Absolument. L'Allemagne a une part un peu plus importante que nous dans le budget de l'ESA, mais nous avons un budget national plus élevé. Contrairement au Japon, les mots-clés du spatial – souveraineté nationale, image internationale, autonomie de décision – collent encore bien avec la politique française. L'Allemagne, elle, a toujours plutôt favorisé la coopération avec les États-Unis.

fig. Vue d'artiste du lanceur Ariane 6, doté de quatre fusées d'appoint, qui devrait être lancé en 2020. ©ESA - D. Ducros

Le vrai changement pourrait-il venir du privé ? Les puissances spatiales de demain ne seront-elles pas des sociétés plutôt que des nations ?

I. Sourbès-Verger : Je suis bien ennuyée pour vous répondre. Pour moi, le grand changement serait une forme de démocratisation de la technologie spatiale, à plus bas coût : un petit lanceur avec un petit satellite. Aux côtés du club spatial, qui ne s'est jamais vraiment ouvert, on verrait alors apparaître un deuxième club pour les « juniors »... Les Émirats arabes unis, par exemple, ont beaucoup surpris quand ils ont annoncé qu'ils voulaient envoyer une sonde sur Mars il y a deux ans... parce qu'ils n'ont rien à ce jour ! D'autres petits pays comme la Suède envisagent aussi de créer leur lanceur... Ce serait un vrai changement ! Si cela devait être la tendance, on peut imaginer que les États-Unis auraient à cœur de garder la main, quitte à offrir des services.

Mais l'entrée en jeu de sociétés privées a quand même changé la donne ?

I. Sourbès-Verger : Ce sont encore le Département de la Défense, la NASA et la NOAA (Agence américaine d'observation océanique et atmosphérique) qui font grandement vivre le secteur privé américain. S'il arrive à engranger assez de commandes stables, il pourra commencer à dégager des marges supplémentaires, casser les prix et s'attaquer à de nouveaux marchés... Alors ce serait nouveau. Mais à quel point le spatial peut-il être rentable ? Jusqu'où ira ce chambardement ? Ce qu'il est intéressant de noter, c'est qu'un entrepreneur comme Elon Musk parle d'un projet martien pour 2024. On en revient finalement à une dimension visionnaire qui joue davantage qu'une volonté de rentabilisation commerciale des investissements complexes à prévoir.

Partagez-vous les mêmes réserves pour le tourisme spatial, sur le point de naître ?

I. Sourbès-Verger : Oui, il sera à la merci du premier accident : imaginez les conséquences, ne serait-ce qu'en termes d'assurance... Et qu'est-ce que cela rapportera vraiment ? Combien de clients sont prêts à tenter une aventure en orbite ? Car je ne parle pas des vols suborbitaux. Je ne suis pas convaincue. Mais il faut admettre que le spatial conjugue tellement de logiques différentes. Une nouvelle technologie pourrait changer la donne très rapidement : un lanceur réutilisable ou le *refueling* des satellites en orbite pour leur redonner trente ans de vie... Et là, oui, l'économie du spatial changera d'échelle indépendamment du volet tourisme ! Le spatial ne va pas rester sur les mêmes technologies, c'est sûr. D'où l'importance que les agences comme le Cnes accordent à l'innovation. Mais la privatisation ne sera qu'un facteur parmi d'autres, pas un point de basculement.

Le vrai changement pourrait-il venir du privé ? Les puissances spatiales de demain ne serontelles pas des sociétés plutôt que des nations ?

I. Sourbès-Verger : Je suis bien ennuyée pour vous répondre. Pour moi, le grand changement serait une forme de démocratisation de la technologie spatiale, à plus bas coût : un petit lanceur avec un petit satellite. Aux côtés du club spatial, qui ne s'est jamais vraiment ouvert, on verrait alors apparaître un deuxième club pour les « juniors »… Les Émirats arabes unis, par exemple, ont beaucoup surpris quand ils ont annoncé qu'ils voulaient envoyer une sonde sur Mars il y a deux ans… parce qu'ils n'ont rien à ce jour ! D'autres petits pays comme la Suède envisagent aussi de créer leur lanceur… Ce serait un vrai changement ! Si cela devait être la tendance, on peut imaginer que les États-Unis auraient à cœur de garder la main, quitte à offrir des services.

Mais l'entrée en jeu de sociétés privées a quand même changé la donne ?

I. Sourbès-Verger : Ce sont encore le Département de la Défense, la NASA et la NOAA (Agence américaine d'observation océanique et atmosphérique) qui font grandement vivre le secteur privé américain. S'il arrive à engranger assez de commandes stables, il pourra commencer à dégager des marges supplémentaires, casser les prix et s'attaquer à de nouveaux marchés… Alors ce serait nouveau. Mais à quel point le spatial peut-il être rentable ? Jusqu'où ira ce chambardement ? Ce qu'il est intéressant de noter, c'est qu'un entrepreneur comme Elon Musk parle d'un projet martien pour 2024. On en revient finalement à une dimension visionnaire qui joue davantage qu'une volonté de rentabilisation commerciale des investissements complexes à prévoir.

Partagez-vous les mêmes réserves pour le tourisme spatial, sur le point de naître ?

I. Sourbès-Verger : Oui, il sera à la merci du premier accident : imaginez les conséquences, ne serait-ce qu'en termes d'assurance… Et qu'est-ce que cela rapportera vraiment ? Combien de clients sont prêts à tenter une aventure en orbite ? Car je ne parle pas des vols suborbitaux. Je ne suis pas convaincue. Mais il faut admettre que le spatial conjugue tellement de logiques différentes. Une nouvelle technologie pourrait changer la donne très rapidement : un lanceur réutilisable ou le *refueling* des satellites en orbite pour leur redonner trente ans de vie… Et là, oui, l'économie du spatial changera d'échelle indépendamment du volet tourisme ! Le spatial ne va pas rester sur les mêmes technologies, c'est sûr. D'où l'importance que les agences comme le Cnes accordent à l'innovation. Mais la privatisation ne sera qu'un facteur parmi d'autres, pas un point de basculement.

Résister aux virus informatiques

Grâce à leur collection de six millions de *malwares,* les chercheurs du Laboratoire de haute sécurité ont mis au point un antivirus d'un nouveau genre, déjà utile à la gendarmerie et bientôt disponible pour les entreprises. Visite de cette plateforme de recherche hors du commun, dédiée à la sécurité informatique.

article écrit par Charline Zeitoun
lieu Laboratoire de haute sécurité, à Nancy
mots-clés virus, pots de miel, cybercriminalité, mutants, hackers

Portes blindées, sas, caméras de surveillance et reconnaissance biométrique de l'œil : le Laboratoire de haute sécurité (LHS) du Laboratoire lorrain de recherche en informatique et ses applications (Loria) [1], à Nancy, est une forteresse où sont confinés six millions de virus informatiques*. Une collection des pires « méchants » de la planète Web attrapés sur la Toile par les chercheurs du LHS. Ces *malwares** piratent nos données, détruisent nos logiciels ou nos disques durs, voire forcent nos ordinateurs à déverser des torrents de spams* pour paralyser les serveurs d'un concurrent ou un site jugé ennemi. L'intérêt de collectionner ces super-vilains ? Pouvoir les analyser en profondeur, puis concevoir des outils qui permettent d'en détecter les « mutants », des variantes issues de la même souche mais légèrement modifiées, et qui n'ont pas encore fait suffisamment de dégâts pour être répertoriés et intégrés aux antivirus du commerce. *« Ces logiciels, eux, ne détectent en général que les virus qu'ils connaissent déjà,* commente Jean-Yves Marion, directeur du LHS. *C'est pourquoi leurs concepteurs suivent attentivement les résultats de la recherche pour améliorer leurs programmes. »* D'autant que l'on compte aujourd'hui beaucoup plus d'attaques qu'il y a dix ou vingt ans, et que le temps des geeks des années 1980, qui craquaient les systèmes pour la beauté du geste, est bien loin.

« L'amateurisme n'est plus de mise, reprend le chercheur. *La plupart des attaques ont des visées lucratives ou d'espionnage et sont le fait de groupes criminels ou d'organisations gouvernementales qui mettent au point des virus dont la conception demande des mois de travail. »* En novembre 2014, l'éditeur d'antivirus Symantec révélait ainsi l'existence de Regin. Depuis au moins six ans, ce *malware* subtilisait des mots de passe et réalisait des captures d'écran dans le réseau informatique du siège de l'Union européenne, mais aussi dans des centres de recherche, des compagnies aériennes et des réseaux de communication de plusieurs pays d'Europe, ainsi qu'en Russie, en Arabie saoudite, au Mexique, etc., via ordinateurs et Smartphones GSM. Regin est si hors norme, si complexe (il aurait nécessité un an de travail à quatre personnes à temps plein), que, selon les experts, il ne pouvait provenir que d'une organisation gouvernementale [2].

Dans ce contexte de cyberespionnage et de cybercriminalité, l'attrape-virus du LHS « ramasse » tout ce qui traîne sur le Web afin d'enrichir sa collection. *« C'est un télescope virtuel développé par l'équipe Madynes* [3], explique Jean-Yves Marion. *Connecté à Internet via des lignes ADSL, cet outil simule la présence de centaines d'ordinateurs vulnérables, de façon à susciter le maximum d'attaques que l'on va ensuite capturer : c'est la technique du "pot de miel" pour attirer l'ours et l'attraper »,* explique le chercheur.

Mais comment exhiber en ligne de faux ordinateurs imprudents ? Cela revient à envoyer des messages de signalisation. Quand le protocole d'Internet demande périodiquement aux machines connectées : « Toi en face, qui es-tu ? », le télescope virtuel produit de fausses réponses du type : « Je suis un Mac et je me promène sans antivirus » ou bien : « Je suis un PC et je fonctionne avec tel système d'exploitation », système d'exploitation qu'on aura bien sûr pris soin de choisir dans sa version la moins aboutie et la plus riche de failles.

Une fois capturés, les *malwares* passent à la moulinette du logiciel Gorille, l'arme secrète du laboratoire lorrain. *« Comme avec les antivirus du commerce, la méthode consiste à chercher une signature qui est propre au* malware *et qui permettra de l'identifier,* explique Jean-Yves Marion. *Et pour nous, la signature d'un* malware, *c'est sa structure complète. »* Bref, un portrait-robot de la « silhouette » générale du malfaiteur. Résultat : on peut le retrouver même s'il se « déguise », ou plutôt si les concepteurs du *malware* l'ont légèrement modifié pour en faire un mutant.

Un nouvel antivirus adapté aux entreprises

« Pour extraire la structure d'un programme malveillant, il faut regarder la liste des instructions qui le composent en code assembleur (le langage de la machine) », explique Fabrice Sabatier, ingénieur CNRS attaché au LHS. En fonction de la nature de ces instructions (effectuer un calcul, répéter telle action, demander à l'utilisateur de rentrer une donnée, etc.), celles-ci sont représentées par une forme géométrique. Ces formes géométriques sont ensuite reliées par des nœuds qui symbolisent les « sauts conditionnels » : ce sont les fameux *« if-then-else »* qui donnent l'ordre d'exécuter telle action ou bien telle autre en fonction d'une condition. Ces représentations sont assez classiques en informatique. *« Mais un programme est constitué de millions de nœuds ! »,* reprend le chercheur. Tout l'art de la méthode réside ensuite dans des règles de simplification : en supprimant tel nœud et non tel autre, ou tel paquet d'instructions jugé peu caractéristique, on obtient un dessin ou « graphe » de quelques milliers à quelques centaines de milliers de nœuds seulement.

« C'est ainsi que, grâce à nos graphes "signatures", visualisables en 3D et en couleur, nous pouvons comparer n'importe quel programme, via sa structure globale ou certains de ses "morceaux", avec les échantillons de notre collection. Et, s'il y a de gros points communs, la présomption d'avoir affaire à un malware *sera d'autant plus forte »,*

[1] Unité CNRS/Université de Lorraine/Institut national de recherche en informatique et en automatique.
[2] *The Intercept*, magazine anglais d'investigation, pointe les États-Unis et l'Angleterre du doigt (https://theintercept.com).
[3] Supervision des réseaux et des services dynamiques (Managing dynamic networks and services).

fig. © Deux/Getty Images

Petit bestiaire des attaques

Virus : programme capable d'infecter un autre logiciel d'ordinateur en le modifiant de façon à ce qu'il puisse à son tour se reproduire. Non malveillants à l'origine, les virus sont aujourd'hui souvent porteurs de code malveillant et peuvent perturber plus ou moins gravement le fonctionnement de l'ordinateur infecté. Ils se répandent via les réseaux informatiques ou des dispositifs périphériques comme les clés USB, etc.

Malware : logiciel malveillant, développé dans le but de nuire à un système informatique, sans le consentement de l'utilisateur dont l'ordinateur est infecté.

Spam : courrier électronique indésirable. Il s'agit en général d'envois en grande quantité effectués à des fins publicitaires.

Ransomware : logiciel malveillant qui prend en otage des données personnelles en les chiffrant ou bloque l'accès d'un utilisateur à une machine. Il demande ensuite à son propriétaire d'envoyer de l'argent (une rançon) en échange de la clé permettant de déchiffrer les données ou de débrider l'accès de utilisateur.

résume Jean-Yves Marion. *« Notre méthode est trop complexe pour tourner sur les PC du grand public, mais nous avons aidé la gendarmerie à identifier les souches de différentes attaques virales de type* ransomware* *qui venaient de la même source »*, commente Fabrice Sabatier. La technique devrait aussi bientôt servir aux entreprises, le Loria monte une start-up pour cela [4]. L'intérêt pour elles est particulièrement grand car la méthode, fondée sur une analyse en profondeur des *malwares*, permet également de remonter jusqu'aux buts de ces derniers : en étudiant les différentes fonctionnalités de ces logiciels, on peut découvrir s'ils voulaient voler des informations, les détruire, ou autre.

Identifier les différentes fonctionnalités noyées dans les milliers de lignes de code est d'ailleurs un enjeu important où la recherche fondamentale en informatique a son mot à dire. En effet, il n'existe pas d'algorithme capable d'affirmer à coup sûr que deux programmes font la même chose (c'est la question de l'indécidabilité, démonstration mathématique que l'on doit à Alan Turing). *« Par ailleurs*, poursuit Jean-Yves Marion, *analyser les virus nous amène à des questions tout aussi fondamentales du type : en fin de compte, qu'est-ce qu'un programme malveillant ? »* Comment le distinguer d'un programme ordinaire qui agirait de façon pas toujours justifiable ? Qu'est-ce qui le différencie de votre application favorite de jeu en ligne, si cette dernière se met à vous géolocaliser, ou à transmettre vos données à un tiers, comme en a justement été accusé un fameux jeu d'oiseaux il y a trois ans [5] ? Pour les chercheurs, il faut au final parvenir à définir dans quels contextes certaines fonctionnalités sont suspectes et dans quels autres elles ne le sont pas.

Et pour l'avenir, faut-il craindre de nouvelles générations de virus, de nature et de structure révolutionnaires ? *« Les nouveautés en virologie informatique tiennent surtout dans la façon de protéger les* malwares *en les "déguisant" »*, répond Jean-Yves Marion. Il y a les mutants, évoqués plus haut, mais aussi le fait de crypter le code du

fig. Sur l'écran, ce graphe 3D d'un *malware*, portrait-robot de sa « silhouette » générale, permet de l'identifier même après légère modification. ©Kaksonen/Inria

[4] Cette start-up, Cyber-detect, est en cours de création.

[5] Selon le *New York Times* du 27 janvier 2014, le jeu *Angry Birds* aurait servi à la NSA, agence américaine de renseignement, et à son homologue britannique, le GCHQ, pour collecter certaines données de ses utilisateurs.

virus ou encore de le zipper [6] et rezipper jusqu'à des centaines de fois, dans un autre programme, afin de le cacher et de le soustraire à l'analyse de l'antivirus. Question dissimulation, il y a pire encore : certains *malwares* s'auto-modifient au fur et à mesure de leur exécution sur un PC, avec des fonctionnalités cachées qui se déclenchent par vagues, qui peuvent s'effacer en cours de route ou ne jamais s'activer !

Garantir la sécurité numérique des citoyens

« Depuis cinq ou six ans, il y a une véritable ingénierie de la protection des virus informatiques. Nous avions fait un test avec un de nos échantillons : nous l'avons protégé avec un logiciel du commerce (utilisé dans le cadre de la protection des fichiers pour les droits d'auteur), et il est passé à travers les mailles du filet de nombreux antivirus qui connaissaient pourtant l'original », explique Jean-Yves Marion. Tandis qu'au LSH, on peut exécuter un virus : en l'exécutant, on le dézippe autant de fois que nécessaire et on observe ses vagues d'auto-modification, ce qui permet d'accéder à ses parties cachées, au plus profond de son code. Le virus est alors réassemblé grâce à un modèle théorique développé par les chercheurs. *« Nous pouvons réaliser des expériences en toute sécurité sur notre réseau, sans craindre la contagion vers d'autres machines, car c'est un cluster confiné, déconnecté du monde extérieur, qui permet de simuler des centaines de machines virtuelles »,* souligne l'informaticien.

Bien sûr, Google et les autres Gafa [7] veillent aussi au grain. Le moteur de recherche américain possède d'ailleurs une collection de *malwares* encore plus impressionnante que celle du LHS avec au moins 400 millions d'échantillons, même si les doublons, mutants et autres, y foisonnent et gonflent les effectifs. *« En marge de ces acteurs privés, la recherche publique joue un rôle capital, notamment dans le domaine de la virologie, trop peu développé en France et en Europe,* insiste Jean-Yves Marion. *Notre approche s'appuie essentiellement sur nos connaissances en théorie de la programmation et en informatique fondamentale dont l'équipe est issue »,* rappelle le directeur du LHS, première plateforme de recherche académique française dédiée à la sécurité informatique.

« Parallèlement aux actions que mettent en place des sociétés guidées par des intérêts commerciaux, la recherche publique doit proposer des solutions pour garantir la sécurité numérique des citoyens, chercher les failles des outils du commerce et en informer le grand public qui est ensuite libre de les utiliser ou non », souligne le chercheur. Ce processus salutaire pousse aussi parfois les concepteurs à proposer rapidement des patchs correcteurs. Un exemple édifiant a fait trembler la Toile en 2015 : une démonstration sur Logjam, réalisée par des chercheurs du Loria, avait mis en évidence une faille majeure dans le protocole https qui sécurise les connexions Internet. Sans compter que le monde tout connecté que nous nous préparons offrira de plus en plus de cibles aux hackers. *« Avant d'être développés à grande échelle, le pacemaker branché sur Wi-Fi, la voiture autonome, le bracelet qui prend votre pouls ou le vote électronique devraient réclamer d'apporter un certain nombre de garanties »,* avertit Jean-Yves Marion. À qui choisirons-nous d'en confier la responsabilité ? ■

[6] Zipper : action de compression de données ou de codage de source. Cette opération consiste à transformer une suite de bits en une suite de bits plus courte pouvant restituer les mêmes informations, et ce grâce à un algorithme particulier.

[7] Gafa : acronyme formé avec les initiales de Google, Apple, Facebook et Amazon, géants du Net.

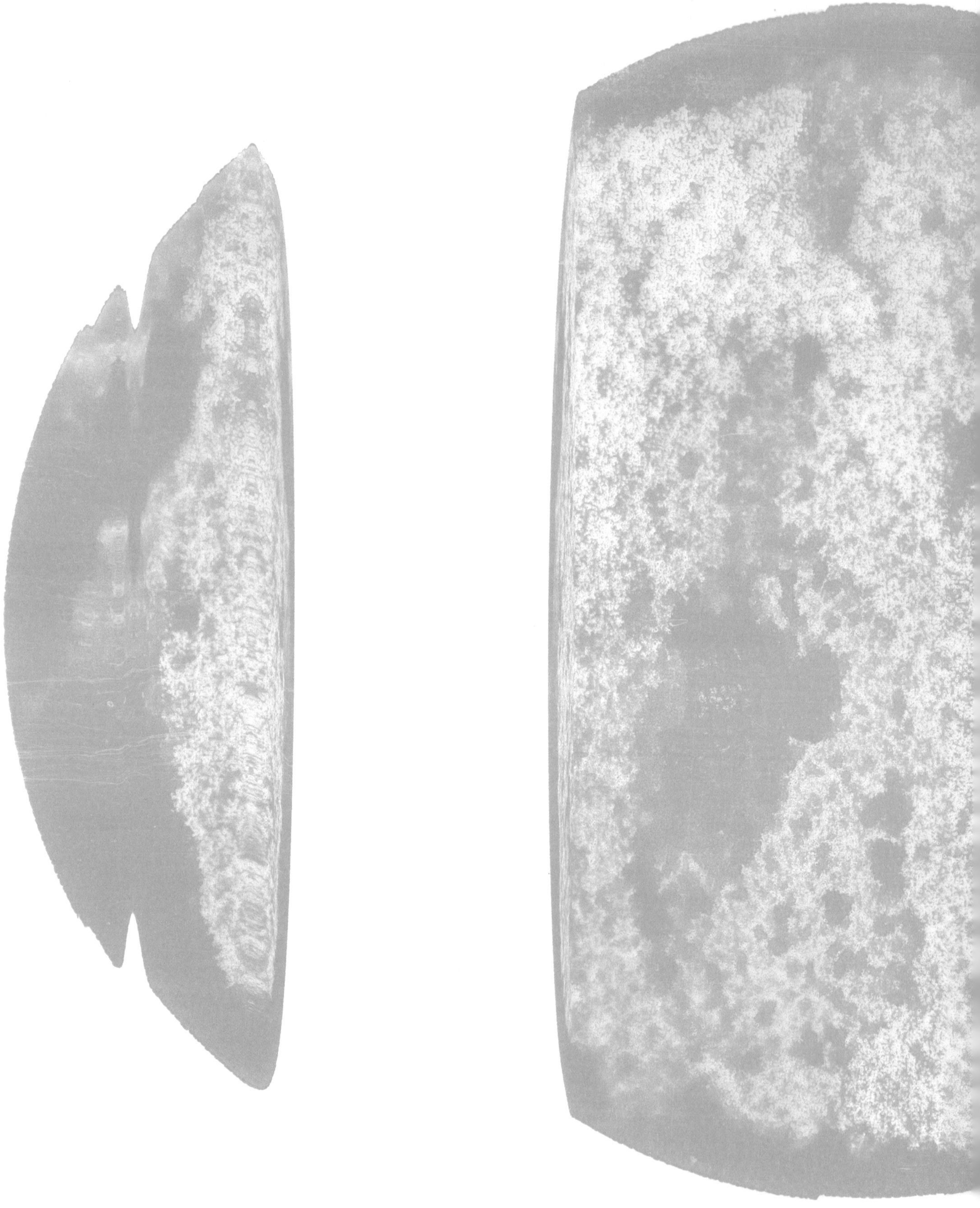

Ces mystérieux séismes lents

Inconnus il y a encore quinze ans, les séismes lents, qui durent de quelques semaines à quelques mois et peuvent atteindre des magnitudes de 7,5 sur l'échelle de Richter, pourraient aider à mieux cartographier le risque sismique.

article écrit par Laure Cailloce
mots-clés Cascades, faille sismique, GPS, magnitude

Pendant longtemps, les sismologues ont cru qu'il existait deux échelles de temps sismique : le temps (très) long de la déformation des plaques continentales, pendant lequel l'énergie sismique s'accumule, et le temps court du séisme, qui relâche en quelques secondes l'énergie stockée pendant des centaines, voire des milliers d'années… Que se passait-il entre deux séismes – entre deux moments de rupture, donc ? Rien, en théorie. *« L'observation des premiers séismes lents, il y a quinze ans, a complètement bousculé cette vision des choses,* raconte Michel Campillo, sismologue à l'Institut des sciences de la Terre (Isterre) [1]. *On sait désormais qu'il existe des phénomènes transitoires, qui peuvent durer de plusieurs semaines à plusieurs mois et se produisent sans secousses perceptibles. »* Une discrétion qui explique pourquoi ils étaient passés inaperçus jusque-là.

C'est au niveau des zones de subduction que se produisent 80 % des plus gros séismes de la planète, de magnitude supérieure à 6, dans la zone limite où les plaques océaniques plongent sous les plaques continentales voisines. Deux cas de figure sont alors possibles : soit la plaque océanique coulisse sans difficulté apparente sous la plaque continentale, soit elle « accroche » et pousse contre cette dernière, provoquant sa lente déformation et l'accumulation de l'énergie qui, comme un ressort se détend brusquement, sera relâchée lors du prochain séisme. C'est dans ces zones de subduction, souvent fortement sismogènes, qu'ont été observés tous les séismes lents jusqu'à ce jour.

OÙ SE PRODUISENT LES SÉISMES LENTS ?

Des dizaines de séismes lents ont déjà été détectés au Japon, en Nouvelle-Zélande, au Canada ou encore au Mexique...

infographie d'après une image de ©NASA Earth Observatory/CNRS

fig. Tous les séismes lents observés à ce jour ont lieu au niveau des zones de subduction, là où une plaque océanique plonge sous la plaque continentale voisine.
©C. Lunau/Science photo library/Cosmos

Au Japon, les zones de subduction se situent au large des terres touchées par les séismes, ce qui rend plus difficile l'estimation des déformations.

1 Japon

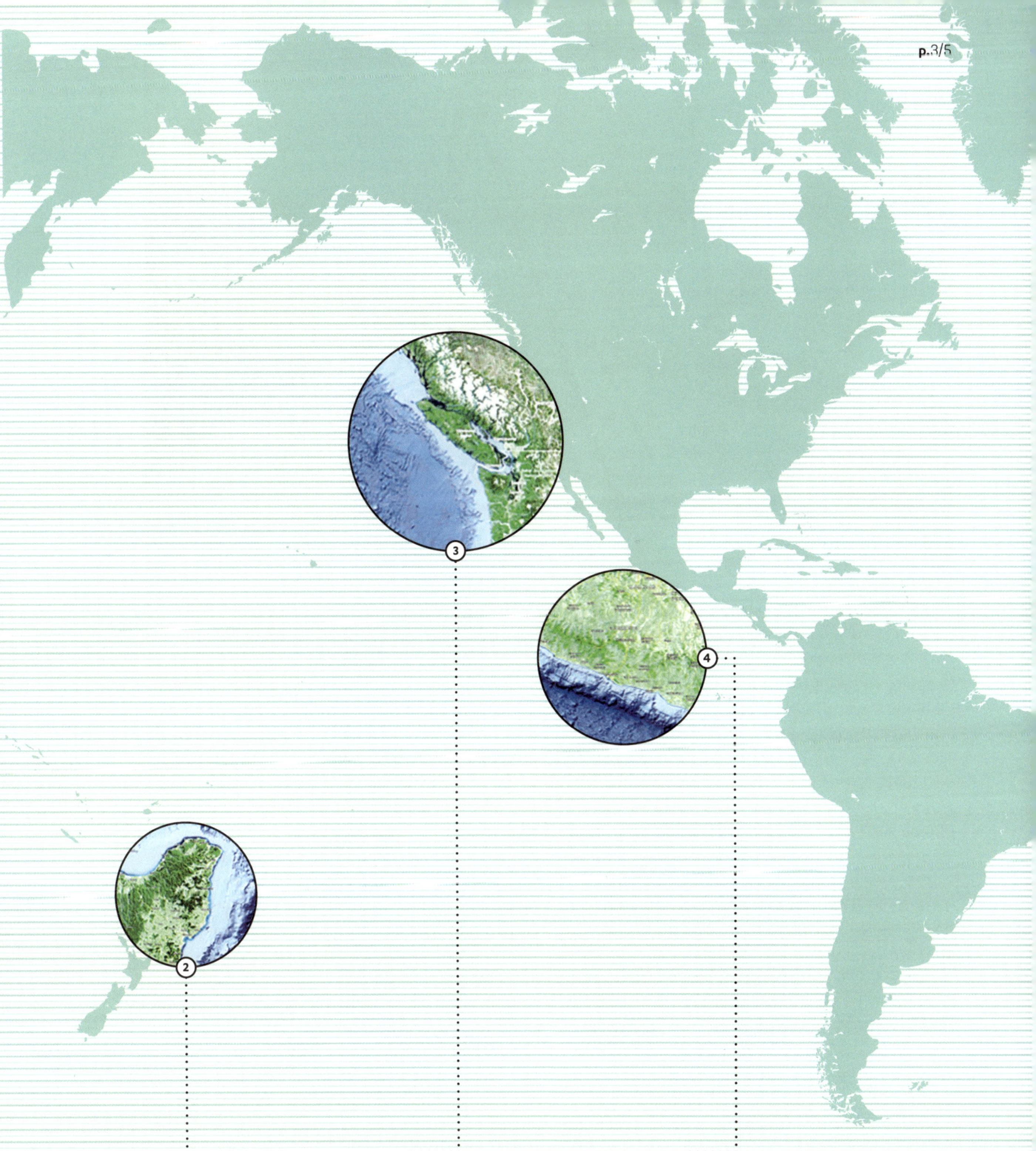

2 Nouvelle-Zélande

C'est grâce aux progrès des mesures GPS qu'on a pu repérer ces nouveaux phénomènes.

3 Canada

Les premiers séismes lents ont été repérés en 2001 dans la chaîne des Cascades située juste derrière Vancouver, au Canada.

4 Mexique

Au Mexique, où la plaque océanique converge à grande vitesse vers la plaque continentale, les séismes lents durent six mois et se produisent tous les quatre ans.

« Les premiers séismes lents ont été repérés en 2001 dans la chaîne des Cascades située juste derrière Vancouver, au Canada, raconte Nikolai Shapiro, sismologue à l'Institut de physique du globe de Paris (IPGP) [2]. *Puis on en a observé au Japon, en Nouvelle-Zélande, au Costa-Rica ou au Mexique, pas loin d'Acapulco… »* Leur régularité de (quasi-)métronome trouble les spécialistes : *« Dans les Cascades, ces séismes lents durent quinze jours et se répètent tous les quatorze mois en moyenne. Au Mexique, où la plaque océanique converge à grande vitesse vers la plaque continentale, à un rythme d'environ 6 centimètres par an, ils durent six mois et se produisent tous les quatre ans »*, détaille le chercheur.

C'est grâce aux progrès des mesures GPS qu'on a pu les identifier. *« Les positions relevées sont devenues si précises, à quelques millimètres près, qu'elles permettent de faire des enregistrements en continu »*, explique ainsi Frédérique Rolandone, géophysicienne spécialiste de la géodésie [3] à l'Institut des sciences de la Terre de Paris. Des réseaux de stations GPS ont donc été déployés pour enregistrer les mouvements des plaques à proximité des zones de subduction et pour estimer leur déformation. *« Au Japon, pays le mieux appareillé à ce jour, on compte un millier de ces stations, qui sont généralement espacées de dix à vingt kilomètres »*, indique la chercheuse.

Le principe de ces « profilages » GPS : si toutes les stations à la surface de la plaque continentale se déplacent à la même vitesse et dans la même direction que la plaque océanique qui plonge vers le manteau, il n'y a pas de déformation ; en revanche, si on constate une augmentation progressive des vitesses enregistrées d'une station à l'autre, il y a déformation et, donc, augmentation des contraintes exercées sur cette plaque continentale. *« Là où ça devient intéressant, c'est que le déplacement des "positions" en question s'inverse durant les quelques poignées de secondes que dure un séisme*, explique Nikolai Shapiro. *C'est en observant des changements de direction de plusieurs semaines sur les relevés GPS qu'on s'est*

fig. Station GPS dans la lacune sismique de Guerrero, surplombant la baie d'Acapulco. C'est grâce à ces réseaux de stations et à des mesures plus fines, de quelques millimètres à peine, que l'on détecte la survenue des séismes lents. ©N.Cotte

[1] Unité CNRS/Université Savoie Mont Blanc/Université Grenoble Alpes/Institut de recherche pour le développement/Institut français des sciences et technologies des transports, de l'aménagement et des réseaux.

[2] Unité CNRS/Université Sorbonne Paris Cité.

douté qu'on avait affaire à un nouveau phénomène : les fameux séismes lents. »

S'ils sont lents et totalement indolores pour les populations qui vivent à proximité, ces séismes n'en sont pas pour autant négligeables. La quantité d'énergie qu'ils libèrent n'a en effet rien à envier à celle des gros séismes : les plus forts enregistrés l'ont été au Mexique et équivalent à des tremblements de terre de magnitude 7,5 sur l'échelle de Richter – soit plus que le dernier séisme en Haïti (7,3) qui a fait 200 000 morts et causé des dégâts considérables.

Des effets incertains sur les « vrais » séismes

Les scientifiques restent néanmoins partagés sur les conséquences de ces phénomènes sur le risque sismique de la zone concernée : est-ce que les séismes lents fonctionnent comme la soupape d'une Cocotte-Minute et éloignent, en relâchant un peu de pression, la survenue d'un « vrai » séisme dévastateur ? Ou, au contraire, est-ce qu'ils ajoutent au risque sismique en accentuant les déformations situées sur les segments de la faille à proximité ? *« À Guerrero, près d'Acapulco, les séismes lents se produisent dans une "lacune sismique", c'est-à-dire un endroit où aucun tremblement de terre n'a été enregistré depuis plus d'un siècle et ce, alors que toute la zone de subduction le long du Mexique est régulièrement secouée,* indique Nikolai Shapiro. *Mais aujourd'hui, personne ne peut dire si cette absence d'activité est due aux séismes lents ou si la survenue du prochain tremblement de terre n'est juste qu'une question de temps ! »*

« Quand on aura compris toutes les implications de ces glissements lents, on sera en mesure de produire des bilans énergétiques bien plus précis sur chaque segment de faille, et donc de mieux évaluer le risque sismique à moyen terme, espère la géophysicienne Frédérique Rolandone. *Mais il reste encore beaucoup de travail d'observation à faire... »* Le « catalogue » des séismes lents enregistrés à ce jour est en effet trop court pour tirer des conclusions définitives. Pour l'étoffer, il faudrait pouvoir déployer des réseaux de capteurs à proximité de toutes les failles de subduction, ce qui est loin d'être le cas. *« En Équateur, une cinquantaine de stations GPS récemment installées ont permis d'observer les premiers séismes lents en 2010 »,* témoigne Frédérique Rolandone qui a passé une année en mission dans ce pays.

Autre enjeu pour les scientifiques : mettre en place des mesures dans les zones maritimes grâce à l'installation de GPS « fond de mer ». Certaines zones de subduction se situent en effet très au large des terres touchées par les séismes, ce qui rend l'estimation des déformations plus difficile : c'est le cas au Japon, mais aussi aux Antilles, où la faille se trouve à plus de 200 kilomètres des côtes. *« En théorie, les ondes électromagnétiques envoyées par le satellite aux stations GPS ne traversent pas l'eau,* explique Michel Campillo. *Mais de nouveaux équipements contournent cette difficulté, en couplant des émetteurs acoustiques posés au fond de la mer avec des bateaux équipés de GPS en surface. Certes, les relevés ne se font pas en continu, comme avec les stations GPS terrestres, mais ils devraient permettre d'affiner considérablement notre connaissance de ces phénomènes lents. »* Déjà installés au large du Japon, des équipements de ce type seront également déployés le long des côtes mexicaines. De quoi percer, peut-être, le mystère de la « lacune » de Guerrero. ●

[3] Science qui représente la surface terrestre et calcule les mouvements de la croûte terrestre.

Réparer les corps élastiques

Pascal Sommer

l'auteur Biologiste à l'Institut des sciences du mouvement (unité CNRS/Université Aix-Marseille), Pascal Sommer est chargé de mission Ingénierie pour la santé au sein de l'Institut des sciences de l'ingénierie et des systèmes (Insis) du CNRS. Il coordonne le programme Défi-Sens (Insuffisance perceptive et suppléance personnalisée) de la Mission pour l'interdisciplinarité du CNRS.
mots-clés organes, vieillissement, reprogrammation épigénétique, maladies, tissus
illustration d'après photo Délégation PMA

Respirer, courir, manger, uriner, chanter ou accoucher sont des actions qui mobilisent notre élasticité. Comment préserver cette capacité essentielle qu'ont les organes et les tissus à revenir à leur forme initiale après déformation ? Décryptage avec le biologiste Pascal Sommer.

Le corps des êtres humains – et des animaux – s'est édifié pour et par le mouvement. La clé de ce mouvement est la capacité de différents organes et tissus du corps (os, peau, vaisseaux, ligaments, etc.) à revenir à leur forme initiale après déformation, en d'autres termes l'élasticité. C'est elle, par exemple, qui permet aux parois des poumons et des artères de se gonfler et de se dégonfler selon les variations de tension ou à la vessie d'être efficace. Et si le tissu prend du temps pour revenir à sa forme initiale, on parle globalement de viscoélasticité. Seulement voilà, passé la vingtaine et la croissance une fois achevée, les fibres élastiques qui donnent majoritairement l'élasticité au corps ne se renouvellent pas ou peu. Ce capital s'altère, plus ou moins rapidement selon notre hygiène de vie. La recherche s'attache aujourd'hui à développer des solutions pour étudier, protéger, stimuler, voire remplacer les fibres élastiques ou les composants viscoélastiques du corps.

Perte d'élasticité et maladies

Se pencher sur le concept d'« humain élastique » est aujourd'hui une priorité riche de promesses. La perte d'élasticité est en effet l'une des causes de nombreuses pathologies ou de leur aggravation. On peut citer l'insuffisance cardiaque, la rupture d'anévrisme, l'emphysème, la perte de phonation (ce sont les vibrations des cordes vocales et du tympan qui assurent la phonation et l'audition), le mauvais fonctionnement des intestins, la rupture de ligaments (qui contiennent une teneur variable mais indispensable de fibres élastiques), les hernies discales, une forme de glaucome ou de cécité, etc.

Le vieillissement n'est pas seul en cause dans la perte des propriétés mécaniques de nos organes et tissus. Certains syndromes génétiques induisent en effet une faiblesse d'élasticité ou de viscoélasticité. On a ainsi pu mettre en évidence chez la souris un prolapsus génital (ou « descente d'organes ») lié à une malformation génétique des tissus élastiques. Enfin, tout ce qui est oxydant agresse les fibres élastiques et accélère leur dégradation. Rayons UV, cigarettes, pollution (certaines nanoparticules notamment) et malbouffe sont au premier plan des toxiques.

Moins connue est ce que certains appellent la caramélisation du corps, liée à la surabondance de sucres dans l'organisme (notamment dans les diabètes). Une manifestation concrète du vieillissement élastique s'observe aussi après la ménopause. Pour y remédier, une hormonothérapie s'avère risquée compte tenu de ses potentiels effets secondaires. On sait en revanche que le sport a un rôle bénéfique pour préserver élasticité et viscoélasticité des tissus.

fig. Reed Richards, L'Homme élastique du film *Les 4 Fantastiques*, ici en photo, n'a pas les problèmes du commun des mortels dont le capital élastique s'altère sensiblement avec l'âge et la maladie...

La modélisation, un outil essentiel

Les caractéristiques mécaniques d'élasticité et de viscoélasticité des tissus et des organes sont liées à de subtils arrangements physico-chimiques au niveau des molécules ou entre molécules. Il est donc capital de connaître ces propriétés à toutes les échelles, notamment via la modélisation mathématique, pour comprendre, réparer, remplacer, opérer.

On sait ainsi que certaines tumeurs n'ont pas la même élasticité qu'un tissu sain, cette caractéristique permettant d'améliorer leur détection grâce aux ultrasons. Mais le secret pour régénérer l'élasticité de la peau chez un grand brûlé n'est pas encore connu. Si l'on veut simuler les déformations d'un organe en temps réel afin d'aider le chirurgien lors d'une opération, là encore, rien n'est possible sans la parfaite connaissance des propriétés élastiques des tissus et leur modélisation, de l'échelle de la protéine à celle de l'organe complet en passant par les organites intracellulaires.

La réparation de l'« humain élastique » apparaît sous un jour nouveau où les sciences de l'ingénierie jouent un rôle majeur. Les perspectives de recherche sont multiples. Il existe seulement de rares approches pharmaceutiques. Un extrait de plante, l'aneth, qui a fait l'objet d'un brevet CNRS-BASF, a une efficacité significative pour stimuler la synthèse de fibres élastiques ; l'industriel le propose pour améliorer l'élasticité de la peau en dermocosmétologie. L'extrait d'aneth a également démontré une protection intéressante contre le vieillissement du système cardiovasculaire de la souris. Reste à voir maintenant si cette dernière application, qui est essentiellement préventive, intéressera les sociétés pharmacologiques.

Afin de suppléer des tissus mécaniquement défaillants chez l'humain, on peut aussi lui implanter des biomatériaux. Pour assurer la rigidité de ces derniers, des substituts des fibres de collagène sont déjà disponibles sur le marché. C'est le cas pour les

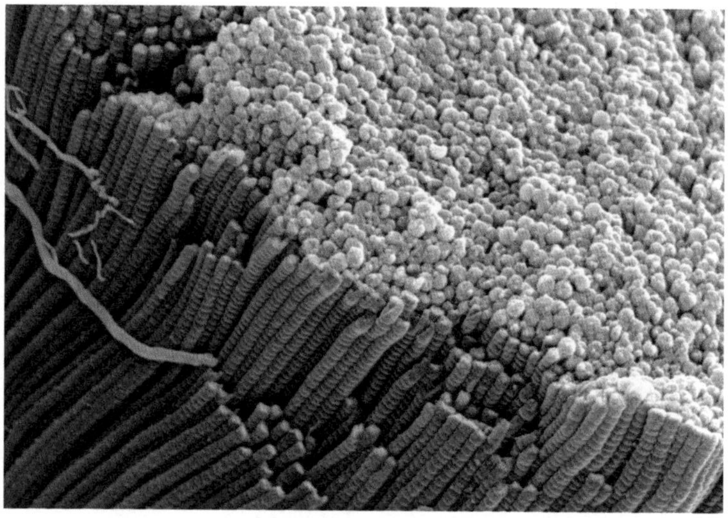

fig. Faisceau de fibres de collagène vu au microscope électronique à balayage et colorisé. Des substituts de ce type de fibres sont déjà disponibles sur le marché. ©SPL/BSIP

stents, sortes de ressorts métalliques glissés dans une artère pour la dilater en cas de rétrécissement. Pour les améliorer, on envisage à présent de fabriquer des matériaux biomimétiques, c'est-à-dire qui imitent la nature en s'inspirant de ses formes et de ses matières. On sait faire synthétiser une forme d'élastine humaine par des cellules in vitro et des essais sont en cours pour l'intégrer dans des biomatériaux, voire par impression 3D. Mais eu égard à l'encadrement éthique en France, il faudrait aussi envisager de la synthétiser chimiquement en totalité ou en partie.

Ultrasons et épigénétique au secours des tissus

Pour finir cet incomplet tour d'horizon, on peut évoquer les ultrasons qui, en plus de leur intérêt bien connu pour établir des diagnostics, présentent des vertus thérapeutiques en favorisant la croissance ou la régénération des tissus. Un autre concept fait enfin rêver : une reprogrammation épigénétique qui pourrait moduler de façon bénéfique l'expression du patrimoine génétique. Il s'agirait de contrecarrer le cercle vicieux qui s'instaure quand l'élasticité des tissus est réduite. Ce serait utile chez l'adulte, et c'est absolument nécessaire chez des enfants affectés par une mutation génétique provoquant un mauvais fonctionnement des tissus élastiques (syndromes de la cutis laxa, de Marfan, de Williams, etc.).

Respirer, courir, manger, uriner, chanter ou accoucher sont des actions qui mobilisent notre élasticité. Le concept d'« humain élastique » donne lieu à des émergences scientifiques importantes, qui ont des conséquences potentielles jusque dans les applications cliniques. Le colloque organisé en décembre 2016 par le CNRS et l'Académie des technologies s'est focalisé sur les tissus élastiques humains (os, peau, vaisseaux, ligaments, organes). Il a été la première grande occasion nationale de réunir plusieurs disciplines sur cette question cruciale et universelle. Ce n'est assurément qu'un début.

Enquête sur la disparition des abeilles

Ces vingt dernières années, les populations d'abeilles ont subi des pertes spectaculaires, jamais observées auparavant. L'agriculture intensive et l'utilisation massive de pesticides figurent au premier rang des coupables présumés. Mais certaines pratiques des apiculteurs seraient également en cause.

article écrit par Laure Cailloce
mots-clés miel, néonicotinoïdes, herbicides, importation

« Le changement de reine a fonctionné, il y a des larves dans le couvain ! », s'enthousiasme Lionel Garnery en brandissant un cadre couvert d'ouvrières. Au fond des alvéoles, on distingue en effet de minuscules points blancs, preuve que la nouvelle reine installée dans la ruche a commencé à pondre. Nous sommes au Conservatoire de l'abeille noire d'Île-de-France, au cœur de la forêt de Rambouillet. Dans ce *« petit coin de paradis à une heure de Paris »*, peuplé de bouleaux, de fougères et de bruyères en fleurs qui régalent les abeilles en cette fin d'été, le chercheur spécialiste de génétique des populations au laboratoire Évolution, génomes, comportement et écologie [1] a installé une quarantaine de ruches. Son objectif, et celui de la vingtaine de conservatoires présents en France, est sans ambiguïté : assurer la survie de l'abeille noire, l'abeille domestique ouest-européenne. Car *Apis mellifera mellifera*, de son nom scientifique, est bel et bien en sursis.

« Ces vingt dernières années, la production de miel dans l'Hexagone a été divisée par deux », confirme Vincent Bretagnolle, écologue au Centre d'études biologiques de Chizé [2], dans les Deux-Sèvres. La faute à un déclin fulgurant des populations d'abeilles domestiques partout dans le monde développé, des États-Unis à l'Europe en passant par l'Australie. Un phénomène inquiétant baptisé *« colony collapse disorder »* ou « syndrome d'effondrement des colonies ». Le phénomène a d'abord été observé aux États-Unis au début des années 1990. Puis dès 1995 en France, où certains apiculteurs ont accusé jusqu'à 90 % de pertes – loin des 5 à 10 % de mortalité généralement constatés dans les colonies d'abeilles.

L'effondrement des populations d'abeilles, domestiques mais aussi sauvages [encadré 1], n'est pas seulement une mauvaise nouvelle pour les amateurs de miel. En pollinisant les plantes à fleurs, les butineuses garantissent la reproduction de nombreuses espèces végétales. Et pas moins d'un tiers de l'alimentation mondiale dépendrait de cette pollinisation – sans abeilles, pas de tomates, de courgettes, de fraises ou encore de pommes... Un service environnemental que l'Institut national de recherche agronomique (Inra) a évalué à un total de 153 milliards d'euros par an dans le monde.

Des pratiques agricoles néfastes

Dès les années 1990, les soupçons des apiculteurs se portent sur une nouvelle classe d'insecticides utilisés dans les cultures, les néonicotinoïdes. Ces molécules mises au point dans les années 1980 sont de puissants neurotoxiques qui agissent directement sur le système nerveux central des insectes ravageurs de cultures.

« À la différence des précédentes générations de pesticides, les néonicotinoïdes ne sont pas uniquement pulvérisés sur les plantes, mais peuvent enrober directement les semences, explique Axel Decourtye, écotoxicologue et directeur scientifique de l'Itsap-Institut de l'abeille. *Ce sont des insecticides systémiques, qui se retrouvent dans tous les tissus de la plante, jusque dans le pollen et le nectar des fleurs. »*

Les effets sur les abeilles ne tardent pas à être mis en évidence par les chercheurs : à haute dose, les néonicotinoïdes provoquent leur mort ; à plus faible dose, ils affectent les capacités cognitives des butineuses qui ne retrouvent plus le chemin de la ruche. En 2013, un moratoire européen suspend l'utilisation des néonicotinoïdes pour quatre cultures visitées par les abeilles : colza, tournesol, maïs et coton – les céréales comme le blé, notamment, étant uniquement pollinisées par le vent. Mais ces interdictions ciblées – qui ne concernent que l'Europe – risquent de ne pas suffire à enrayer le déclin des abeilles. *« En 2012,*

[1] Unité CNRS/Université Paris-Sud/Institut de recherche pour le développement/Université Paris-Diderot.
[2] Unité CNRS/Université de La Rochelle.
[3] La zone atelier « Plaine et Val de Sèvre » est une plaine céréalière au sud de Niort. Elle comprend environ 450 exploitations agricoles et vise à étudier les relations entre agriculture et biodiversité.
[4] Unité CNRS/Université d'Auvergne/Université Blaise-Pascal.

fig. Ruches suivies par le Centre d'études biologiques de Chizé. L'agriculture intensive (usage de pesticides, élimination des haies et des fleurs des champs...) a des effets délétères sur les populations d'abeilles. ©C.Maitre/INRA

Les principales sous-espèces de l'abeille domestique européenne

L'abeille domestique, *Apis mellifera*, comprend vingt-six sous-espèces, parmi lesquelles l'abeille noire (*Apis mellifera mellifera*), qui couvre une zone allant des Pyrénées à la Scandinavie, mais aussi l'abeille italienne, l'abeille grecque, plusieurs abeilles africaines, l'abeille orientale (Moyen-Orient), etc.

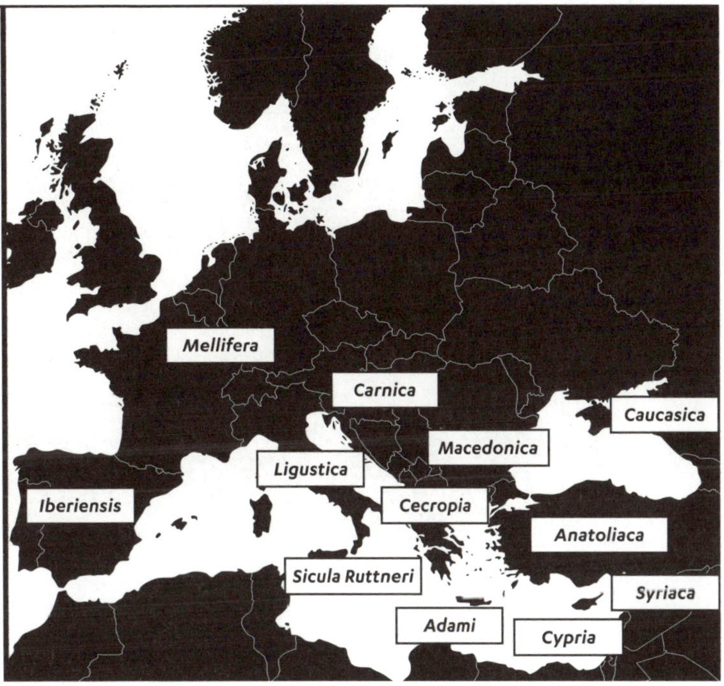

Les abeilles sauvages sont aussi en déclin

Encadré 1

fig. Une abeille sauvage du genre *Andrena*. Il existe environ mille espèces d'abeilles sauvages en France. ©O. Rollin

L'abeille domestique, *Apis mellifera*, n'est pas seule à assurer la pollinisation des récoltes. On estime que la moitié de nos champs, vergers et potagers sont pollinisés par les abeilles sauvages, dont on dénombre près de mille espèces différentes dans l'Hexagone (la plupart sont solitaires et ne font pas de miel). Comme *Apis mellifera*, les abeilles sauvages sont en fort déclin. Elles sont très sensibles aux néonicotinoïdes et sont affectées par la simplification des paysages, notamment la disparition des prairies où elles aiment à butiner. Grâce à la grande diversité des espèces, les abeilles sauvages ont pourtant une multitude de compétences : certaines volent par mauvais temps, d'autres pollinisent des fleurs qui ne sont pas visitées par l'abeille domestique.

Le frelon asiatique, un redoutable prédateur

Encadré 2

fig. Frelon asiatique (*Vespa velutina*) butinant une scrofulaire. ©M/Rauch/Biosphoto

Introduit accidentellement en France en 2004, le frelon asiatique *Vespa velutina* constitue une vraie menace pour les colonies d'abeilles déjà affaiblies, notamment dans le sud de la France où il est très présent. Si les abeilles asiatiques se défendent efficacement contre ce prédateur, en empêchant le frelon venu en éclaireur de quitter la ruche (et donc, de prévenir le reste du nid), *Apis mellifera mellifera,* l'abeille noire typique de nos latitudes, n'a pas de tels réflexes. L'attaque d'une ruche par plusieurs frelons asiatiques peut par conséquent conduire à la mort de l'ensemble de la colonie. Aujourd'hui, des chercheurs tentent de mieux comprendre *Vespa velutina* afin de mettre au point un piège qui n'affectera pas les autres insectes.

une étude menée en plein champ dans notre zone d'observation de Chizé[3] *a trouvé dans le nectar de colza des traces d'imidaclopride, un néonicotinoïde normalement utilisé sur le... blé. Il provenait en réalité des céréales cultivées là les années précédentes!»*, rapporte Vincent Bretagnolle.

Cela s'explique: «*Ces insecticides puissants ont une forte affinité avec l'eau et se caractérisent par une présence de longue durée dans l'environnement*», détaille Axel Decourtye. Alertés par les travaux des chercheurs et après de houleux débats, les parlementaires français ont voté en juillet 2016, dans le cadre de la loi sur la biodiversité, l'interdiction totale des néonicotinoïdes en France à partir de 2018.

Une victoire pour les apiculteurs et de nombreux chercheurs, même si ces derniers restent prudents quant aux effets escomptés de cette loi. «*Que les politiques n'aillent pas s'imaginer qu'ils ont réglé le problème des abeilles une fois pour toutes*, avertit David Biron, parasitologue au Laboratoire microorganismes: génome et environnement[4]. *Les causes du déclin vont au-delà de l'usage de néonicotinoïdes sur les cultures. Plus on avance, plus on s'oriente vers l'hypothèse d'un stress multiple causé par plusieurs facteurs combinés.*»

«*L'agriculture intensive, la simplification des paysages, l'arrivée de pathogènes particulièrement virulents, mais aussi les nouvelles pratiques des apiculteurs affaiblissent les abeilles et contribuent aux dégâts constatés sur les colonies*», détaille Vincent Bretagnolle. Le chercheur, qui suit plusieurs dizaines de ruches avec l'Inra dans la zone de Chizé, tente depuis quelques années de convaincre les agriculteurs de ne plus éradiquer systématiquement les adventices, les «mauvaises herbes» éliminées par l'usage massif d'herbicides et parmi lesquelles on trouve les fleurs des champs (coquelicots, bleuets, etc.), très appréciées de l'abeille. Entre la floraison du colza, au printemps, et celle du tournesol, fin juillet, les abeilles n'ont plus rien à butiner et se retrouvent en carence alimentaire durant plusieurs semaines. La disparition des haies d'aubépine, mais aussi des prairies où fleurissent la luzerne et le sainfoin, amenuise encore la ressource.

«*Pour maintenir leurs abeilles en vie, de plus en plus d'apiculteurs les nourrissent avec des poches de sirop de sucre – un comble pour des animaux censés être autosuffisants*, relève Vincent Bretagnolle, qui signale aussi la généralisation de la transhumance chez les gros apiculteurs. *Ils suivent les périodes de floraison des cultures et déplacent les ruches du sud au nord de la France, et jusque dans les montagnes. Ce qui ne va pas sans poser des problèmes, comme la propagation des maladies.*»

Très médiatisé, le frelon asiatique [encadré 2] introduit accidentellement en 2004 représente une vraie menace pour les colonies déjà affaiblies du sud-est de la France, où il est très présent. Les abeilles sont surtout confrontées depuis quelques dizaines d'années à des pathogènes d'une rare virulence, dont une majorité ont eux aussi été accidentellement importés. Parmi eux, les bactéries responsables de la loque européenne et de la loque américaine[5], des champignons microscopiques comme *Nosema ceranae* et *Nosema apis*, qui provoquent des diarrhées aiguës pouvant conduire à la mort de l'abeille, mais aussi et surtout le *Varroa destructor*, arrivé d'Asie dans les années 1970, le pathogène le plus redouté des apiculteurs. «*Ce parasite vecteur de nombreux virus se fixe sur les abeilles et les pique pour se nourrir de l'hémolymphe, le sang des insectes*, explique David Biron. *L'un des virus qu'il transmet, celui de la paralysie chronique (CBPV ou* chronic bee paralysis virus*), provoque des tremblements que les apiculteurs confondent parfois avec les effets des néonicotinoïdes.*»

Des effets synergiques fatals entre pathogènes et insecticides ont aussi été démontrés: l'infection par *Nosema ceranae* multiplierait par deux la mortalité des abeilles exposées à de faibles doses d'insecticides, en théorie non létales.

fig. Les abeilles forment une «barbe» à l'entrée de la ruche afin de se défendre contre une attaque de frelon asiatique.

[5] En France, la loque américaine doit faire l'objet d'une déclaration en préfecture et se traduit par l'élimination de tout le rucher.

Des importations de reines problématiques

Dernière explication à la fragilisation des colonies d'abeilles : l'importation massive de reines issues d'autres sous-espèces. *« À partir de 1995, et face à l'élevage insuffisant de reines locales de type abeille noire, les apiculteurs français se sont tournés massivement vers des pays comme l'Italie ou la Grèce, où de véritables usines à reines produisent jusqu'à 100 000 individus par an »*, explique Lionel Garnery. Le problème est qu'en plus d'amener avec elles des pathogènes inconnus de l'abeille noire, ces reines issues des sous-espèces italienne *(Ligustica)*, grecque *(Cecropia* ou *Carnica)* ou encore caucasienne *(Caucasica)* sont mal adaptées aux écosystèmes hexagonaux : types de fleurs disponibles, périodes de floraison, climat… *« Elles pondent dès les mois de janvier-février, à un moment où il n'y a aucune nourriture disponible sous nos latitudes*, raconte Lionel Garnery. *Pour éviter que les ouvrières issues de leurs œufs ne meurent de faim, il faut les maintenir artificiellement avec du sucre, ce qui empêche la sélection naturelle de faire son office et ne permet donc pas leur adaptation au nouvel environnement. »*

Autre problème de taille : ces importations massives provoquent un brassage génétique mal contrôlé par les apiculteurs et menacent de « polluer » le génome de l'abeille noire, à ce jour la mieux adaptée à nos latitudes. *« On maîtrise très mal la génétique chez l'abeille*, poursuit Lionel Garnery. *S'il y a effectivement une seule reine par ruche, qui donne naissance à l'ensemble des ouvrières, celle-ci est fécondée par quinze à vingt mâles à la fois ! Difficile dans ces conditions de faire de la sélection, comme on le fait avec les végétaux ou avec les animaux domestiques. »*

Résultat : abeille noire, italienne, grecque ou hybride de plusieurs sous-espèces, plus aucun apiculteur ne sait ce qu'il a dans ses ruches ! *« C'est la raison pour laquelle il est primordial d'assurer la conservation et le développement durable de chaque sous-espèce de l'abeille domestique, et de l'abeille noire en particulier »*, conclut Lionel Garnery. Au-delà de la démarche de conservation, le chercheur propose même que les Conservatoires de l'abeille noire produisent des reines selon des méthodes plus « industrielles », en s'associant par exemple avec des apiculteurs professionnels. L'objectif est d'offrir aux apiculteurs hexagonaux une alternative aux reines italiennes ou grecques et de contribuer activement à la restauration des colonies. ○

Un manège pour la science

La plateforme tournante Coriolis est un outil de recherche unique au monde dédié à la mécanique des fluides. Installée au Laboratoire des écoulements géophysiques et industriels (Legi) à Grenoble dans les années 1960, elle y a été reconstruite en 2014 avec de meilleures performances. Elle permet aux scientifiques du monde entier d'étudier les effets de la force de Coriolis, une force physique induite par la rotation de la Terre, sur les turbulences atmosphériques et océaniques.

diaporama réalisé par Marie Mabrouk et Christelle Mercier Pineau
lieu Laboratoire des écoulements géophysiques et industriels (CNRS/Institut polytechnique de Grenoble/Université Grenoble-Alpes)
mots-clés plateforme, turbulences, typhon, climat
crédits photos C. Frésillon/Legi/CNRS Photothèque, Météo France (5/7, image de gauche)

1/7

Cette machine tournante de grande dimension permet de s'approcher des conditions existant dans les milieux naturels. Sa cuve mesure 13 mètres de diamètre et peut contenir 130 tonnes d'eau. La hauteur totale de l'instrument est de 12 mètres.

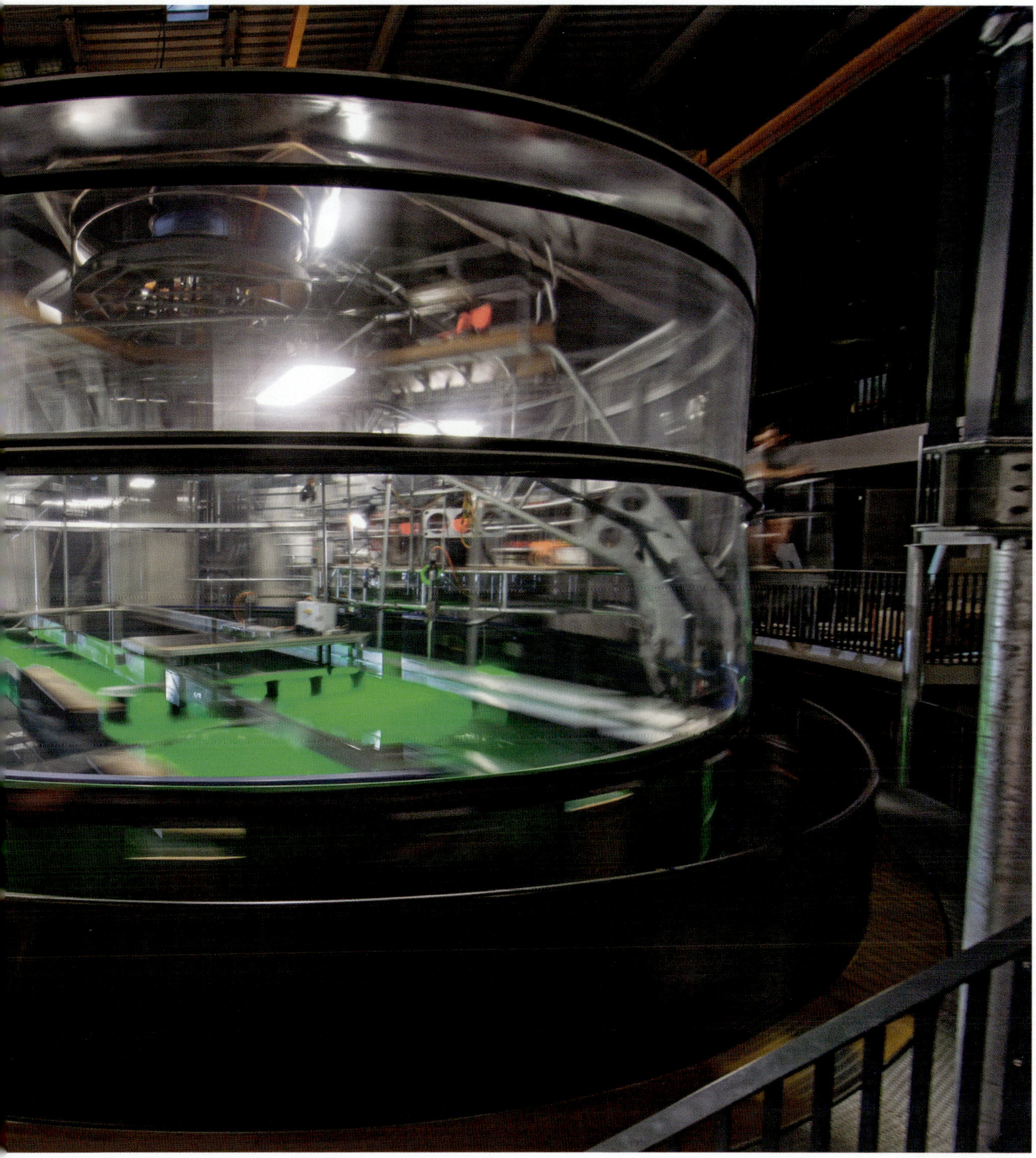

2/7

Ce dispositif de grande échelle peut accueillir les scientifiques au sein même de la plateforme en rotation. Les expériences sont pilotées en direct depuis le poste de suivi, sur le portique d'instrumentation. Surplombant la cuve, le portique supporte également les équipements nécessaires : lasers, profileurs, caméras…

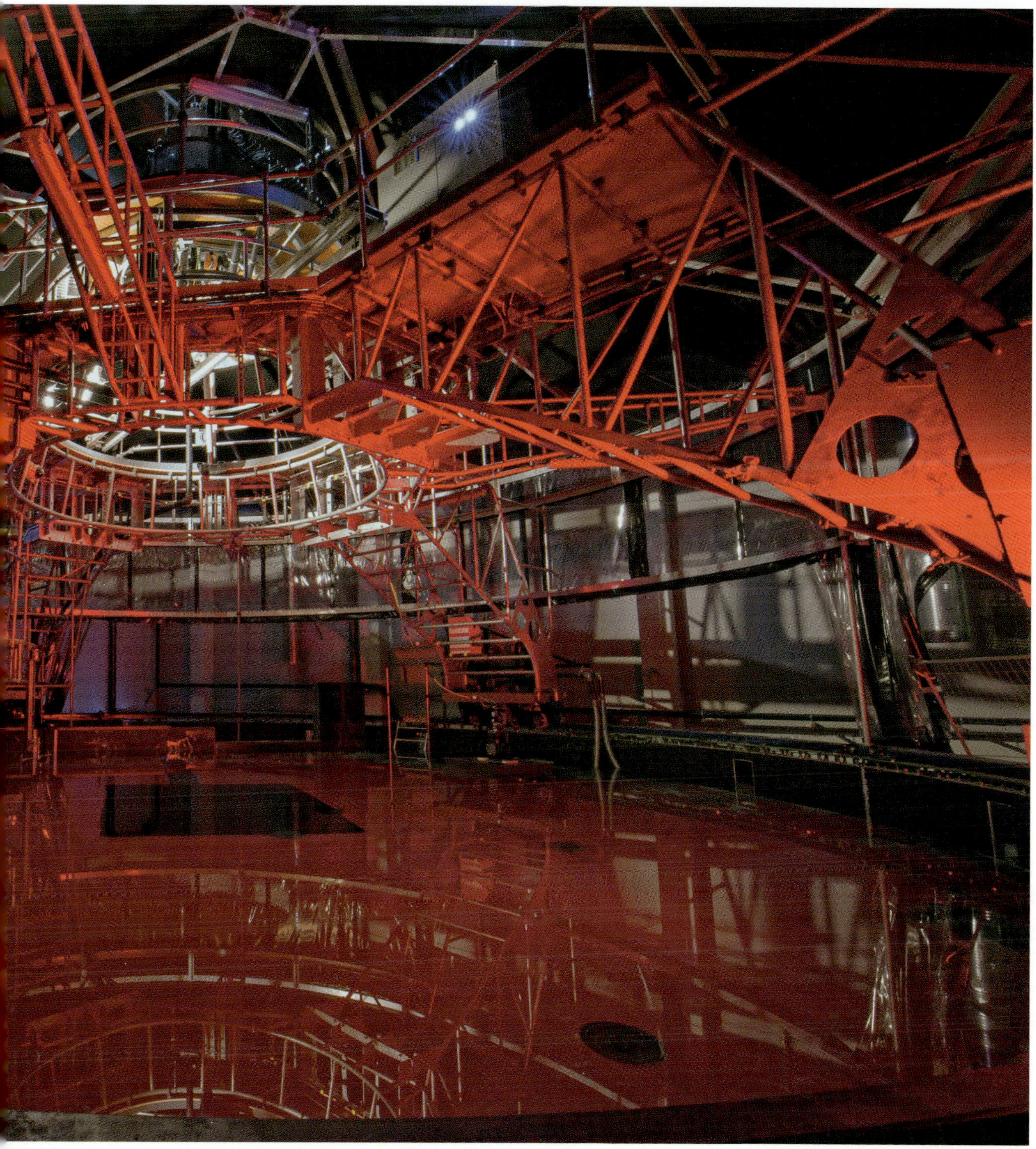

3/7

Dans la cuve, cet ingénieur est en train de régler un générateur qui permet de former des vagues de taille et de forme différentes. Le but de cette expérience est de voir comment ces vagues se propagent et interagissent dans le bassin, comme elles le font à la surface des océans.

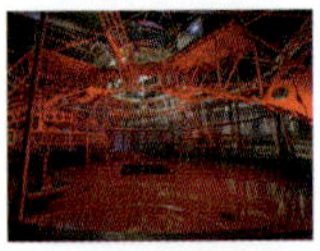

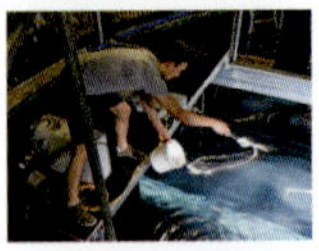

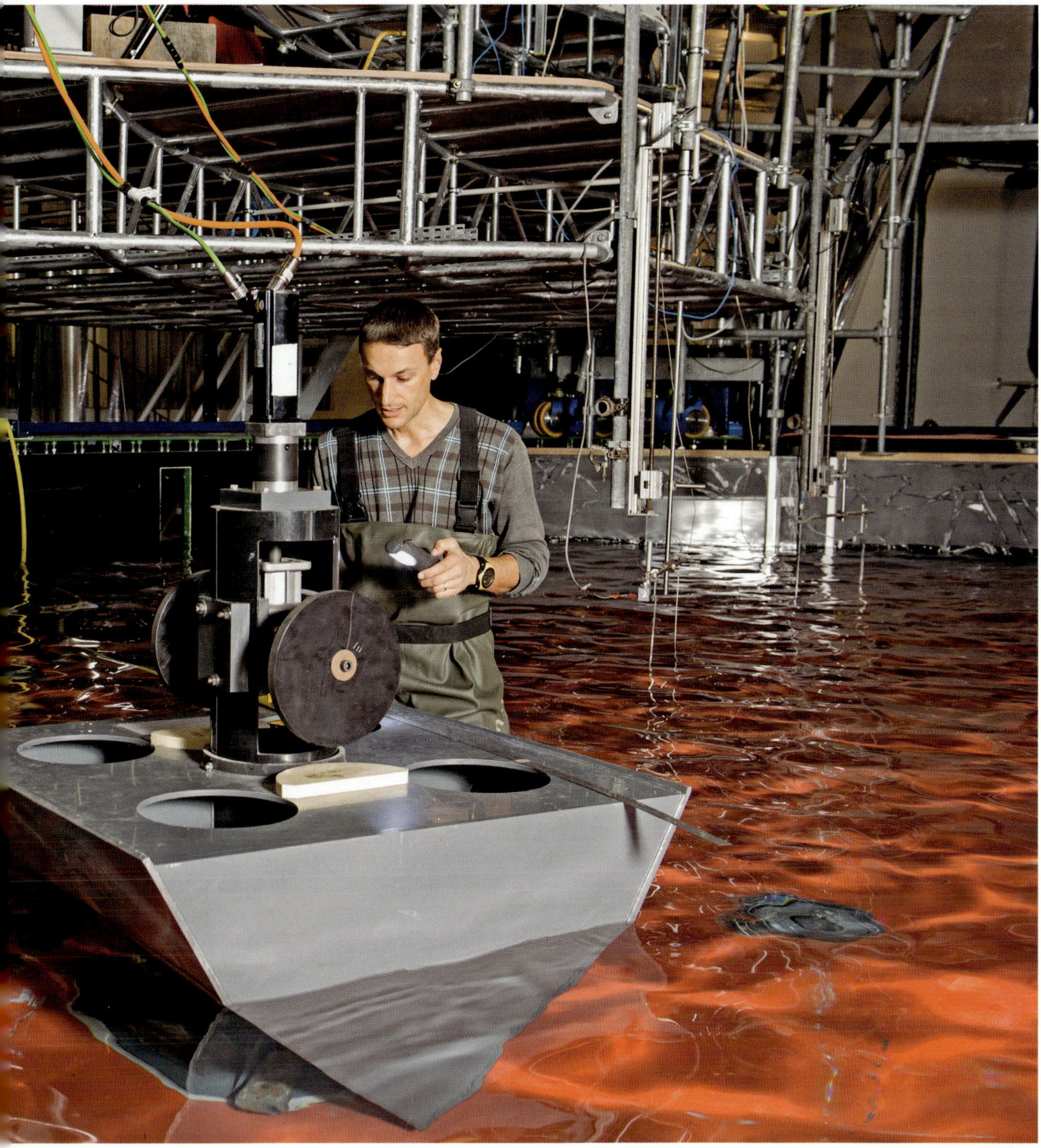

4/7

Plateforme vue du dessous. Une dalle de béton de 220 tonnes supportant la cuve d'eau repose sur un pivot central et un rail circulaire. Une série de galets jaunes porteurs et de galets bleus moteurs permettent de faire tourner le rail et d'entraîner la plateforme, reproduisant ainsi la force de Coriolis.

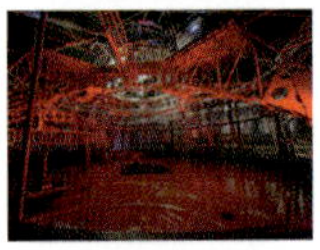

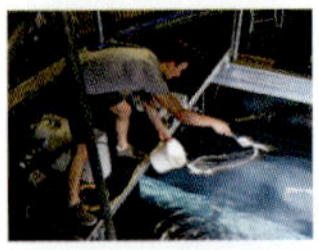

5/7

À plus petite échelle, les scientifiques utilisent une plateforme pédagogique de 40 centimètres pour expliquer la force de Coriolis aux visiteurs. Grâce à un fluide et à un colorant (à droite), elle permet de visualiser l'effet Coriolis : tout objet en mouvement à la surface de la Terre est dévié de sa trajectoire. Comme ici ce typhon dans l'hémisphère nord (océan Pacifique), dont la trajectoire est influencée par la force de Coriolis (nord géographique à droite).

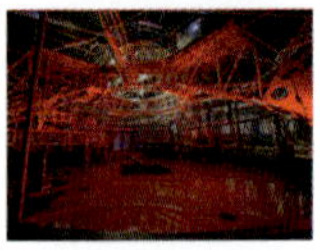

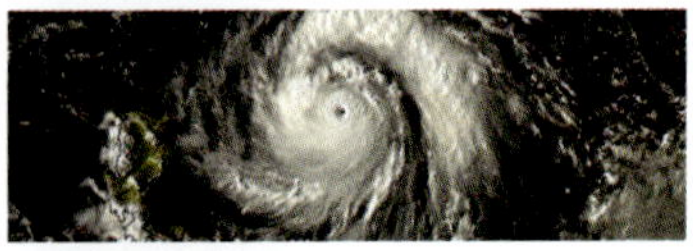

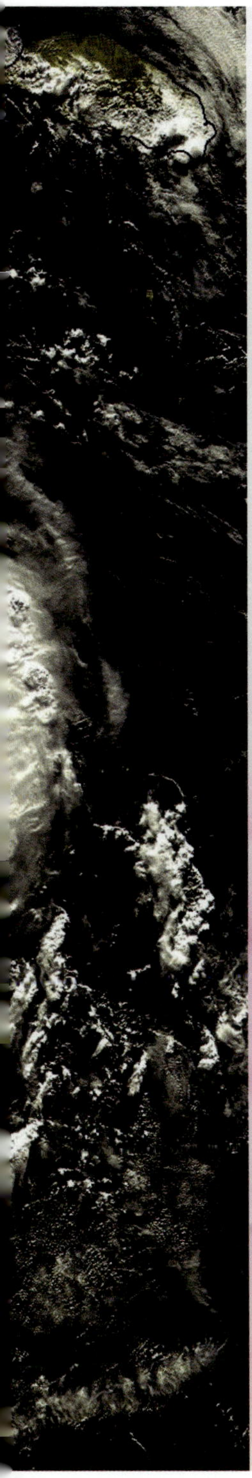

6/7

Un scientifique ajoute des particules dans l'eau pour visualiser les tourbillons qui se forment. Cette expérience, qui se déroule dans le cadre du projet européen Milestone EuHIT (associant le CNRS et l'université de Stockholm), a pour but de comprendre la turbulence dans des milieux comme l'océan ou l'atmosphère, constitués de plusieurs couches de densités différentes.

7/7

Des cylindres se déplacent horizontalement et mettent l'eau en mouvement, comme une cuillère. Une caméra enregistre le déplacement des particules éclairées par un laser. Ces trajectoires et la structure de leur écoulement sont ensuite mesurées par les scientifiques afin d'améliorer leur compréhension des phénomènes météorologiques et climatiques.

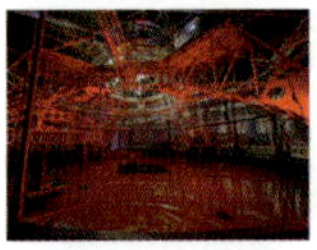

8/7

La plaque tournante Coriolis telle qu'elle était dans les années 1960. Ce modèle réduit, reproduisant une partie de la Manche, était destiné à étudier l'influence de la rotation terrestre sur les courants et les marées dans le cadre d'un projet d'usine marémotrice. On peut voir, en bas, le littoral français et, en haut, les côtes anglaises.

©V. Rambaud/IMG/CNRS

Comment vivent les Roms en France

Ils seraient entre 15 000 et 20 000 sur le territoire français. Depuis quinze ans, les Roms font face à une logique institutionnelle d'exclusion. D'où viennent-ils et pourquoi ? Comment vivent-ils ? Les réponses à ces simples questions permettent de dépasser les idées reçues.

article écrit par Laure Cailloce
mots-clés émigration, Union européenne, bidonvilles, camps, obligation de quitter le territoire français (OQTF)

Depuis une quinzaine d'années, le « problème rom » est régulièrement soulevé dans les médias et les discours des hommes politiques, et pas seulement de façon rhétorique : en 2016, 76 campements roms ont été évacués par les autorités françaises selon la Ligue des droits de l'Homme et près de 10 000 Roms ont dû quitter leur logement de fortune – soit deux Roms sur trois résidant sur le territoire français. En parallèle, plusieurs milliers d'obligations de quitter le territoire français (OQTF) ont été « distribuées » dans ces mêmes camps. Malgré la politique d'exclusion mise en œuvre depuis la fin des années 1990, la population rom en France reste stable d'année en année, soit entre 15 000 et 20 000 personnes, réparties dans les centres urbains : Paris et sa région, Nantes, Toulouse, Bordeaux, Marseille, Lyon, Lille, Clermont-Ferrand, Saint-Étienne, etc. *« On est très loin de l'invasion fantasmée par certains*, souligne Alain Reyniers, anthropologue, directeur scientifique de la revue *Études tsiganes*. *Pourtant, nos sociétés se montrent extrêmement dures à l'égard des Roms : elles les voient comme une masse de gens, ce que les chiffres démentent, leur prêtent toutes sortes de comportements (voleurs, asociaux, fainéants…) et des intentions d'installation durable qui ne correspondent à aucune réalité, puisque la plupart d'entre eux sont seulement ici pour travailler quelques mois ou quelques années. »* Alors, qui sont vraiment les Roms, et pourquoi tant de haine ?

Qui sont les Roms ?

Le premier problème auquel se heurtent les chercheurs est en réalité une question de définition. « Rom », au sens large, est un terme générique qui désigne les lointains descendants d'une population ayant quitté l'Inde du Nord il y a plus de mille ans et dont la langue, le romanès, est apparentée au hindi. Plusieurs déplacements successifs à travers l'Europe ont cependant « éclaté » cette population originelle en de multiples groupes, et il n'y a plus grand-chose de commun entre les Manouches et les Gitans – installés en France et en Espagne depuis le début du XVe siècle –, les Tsiganes, arrivés de Roumanie après l'abolition de l'esclavage dans ce pays au milieu du XIXe siècle (pratique dont ils étaient les principales victimes), et les populations venues d'Europe orientale et des Balkans depuis l'éclatement des républiques socialistes, à la fin des années 1980. C'est pourquoi les chercheurs préfèrent parler de « Roms migrants » pour désigner les 15 000 personnes qui focalisent aujourd'hui l'attention dans l'Hexagone. *« Aujourd'hui, il y a un amalgame entre ceux que l'on appelle les "gens du voyage" – des Manouches et Gitans pour l'essentiel, qui sont citoyens français depuis des générations – et les Roms venus en majorité de Roumanie et de Bulgarie, qui sont des ressortissants de ces deux pays »*, souligne Céline Bergeon, géographe au laboratoire Migrations internationales, espaces et sociétés (Migrinter) [1]. Les autorités elles-mêmes font parfois la confusion… Et la chercheuse de citer l'exemple de ces Roms migrants installés dans des caravanes sur le parking d'un supermarché de Poitiers, auxquels les gendarmes ont demandé expressément de stationner sur l'aire de la ville réservée aux gens du voyage… *« Sauf qu'ils n'ont aucun droit d'y accéder ! »*, précise Céline Bergeon.

« La catégorie de "Tsiganes", employée par les institutions européennes et plusieurs ONG internationales pour désigner l'ensemble de ces populations à travers le continent européen, entretient l'illusion d'une unicité ethnique et l'idée que ces populations seraient partout et de toute éternité confrontées aux mêmes problèmes : pauvreté, exclusion, discrimination… », regrette de son côté Martin Olivera, anthropologue au Laboratoire architecture, ville, urbanisme, environnement (Lavue) [2]. Les Roms eux-mêmes ne se voient pas comme un seul et unique groupe à l'échelle de l'Europe : ils sont de nationalités différentes, de religions différentes – certains sont catholiques, d'autres orthodoxes, d'autres encore évangélistes –, et sont loin de parler tous le romanès. *« En Roumanie, leur situation est d'ailleurs plus contrastée qu'on veut bien le dire ici*, complète Alain Reyniers. *Il y a une petite bourgeoisie rom dont personne ne parle, des gens intégrés, des avocats, et des gens qui vivent dans une grande pauvreté ; il y a des groupes traditionnalistes où les femmes portent jupes colorées et fichus, et d'autres très modernes… »*

Une migration politique ou économique ?

L'émigration rom actuelle vers l'Europe de l'Ouest et la France a débuté à la fin des années 1980, et s'est accélérée après la chute du Mur de Berlin : issus d'abord de Yougoslavie, puis de Hongrie et de Pologne, les flux migratoires sont devenus majoritairement roumains et bulgares dans les années 1990. *« Même si les régimes socialistes percevaient les Roms comme anachroniques, bon gré mal gré, ils leur ont assuré l'accès au travail, à l'école et à la santé. En revanche, ces derniers ont subi de plein fouet l'effondrement du système socialiste »*, explique Alain Reyniers. À Bistrita, en Transylvanie (nord de la Roumanie), certains Roms se retrouvent ainsi confrontés à un problème d'habitat ubuesque : ils vivent depuis quarante ans dans des maisons sur lesquelles ils n'ont plus aucun droit. *« Ils ont été installés là par le régime communiste dans les années 1960-1970, souvent à la suite de spoliations, mais la transmission des droits fonciers ne s'est pas faite après la chute du Mur*, explique Grégoire Cousin, juriste

[1] Unité CNRS/Université de Poitiers.

[2] Unité CNRS/Université Paris 8 Vincennes-Saint-Denis/Université Paris-Nanterre/Ministère de la Culture et de la Communication.

fig. haut On dénombre 400 bidonvilles roms dans l'Hexagone, dont les deux tiers en région parisienne. ©J-P.Guilloteau/Express REA

fig. bas Malgré les apparences, ces bidonvilles, surtout s'ils sont durables, sont moins miséreux qu'on les imagine vus de loin. ©D.Allard/REA

fig. haut Certains Roms sont biffins : ils récupèrent des objets qu'ils vendent sur les marchés aux puces. ©F.Perri/REA

fig. bas Simulation d'un entretien d'embauche. Depuis 2014, le marché du travail français est pleinement ouvert aux ressortissants roumains et bulgares. ©M.Nascimento/REA spécialiste de la question rom à la Maison des sciences de l'homme à Paris. *Aujourd'hui, ils sont à la merci des politiques locales et le maire peut décider à tout moment de raser le quartier.* »

La montée de l'ultranationalisme dans ces pays n'a pas facilité la situation des populations roms. *« C'est en Roumanie que la population rom est estimée la plus nombreuse en Europe, avec 600 000 à 2,5 millions de personnes selon les critères utilisés et, dans l'imaginaire collectif, les Tsiganes symbolisent tout ce que la Roumanie ne veut plus être : un pays rural, féodal, marqué par des influences orientales »*, explique Martin Olivera. *« La Roumanie dans son ensemble reste marquée par les stigmates d'une société post-esclavagiste qui, malgré ce lourd héritage, n'a jamais mis en place d'action positive de rattrapage ou de bienveillance à l'égard des Roms »*, complète Grégoire Cousin. Mais si le sentiment anti-Tsiganes est omniprésent en Roumanie comme dans d'autres pays de la région, pour les chercheurs, il est délicat de parler de violations des droits stricto sensu. *« En milieu rural notamment, village par village, Roumains, Roms et parfois Hongrois de la minorité hongroise vivent côte à côte sans heurts majeurs »*, souligne ainsi Martin Olivera.

Dans les faits, le départ des Roms vers l'Europe de l'Ouest se fait avant tout pour des raisons économiques, à l'instar des millions de Roumains qui ont quitté leur pays ces vingt dernières années. Le taux d'émigration des Roms n'est d'ailleurs guère différent du taux global en Roumanie, soit 20 % de la population environ. *« Les Roms de Roumanie sont pauvres mais guère plus que leurs voisins*, analyse Martin Olivera. *Beaucoup sont même propriétaires de leur petite maison. Ils émigrent car ils veulent améliorer leur situation et celles de leurs enfants : reconstruire leur maison, changer de quartier, de village, de ville, avoir un magasin ou une petite affaire... L'immense majorité des Roms migrants réinvestit l'essentiel de ses revenus "au pays".* »

Les bidonvilles roms, une exception française ?

La France n'est pas la destination privilégiée des Roms migrants qui lui préfèrent l'Espagne et l'Italie, pour les activités agricoles, ou encore l'Allemagne. *« En 2008-2010, il y avait entre 800 000 et 1 million de Roumains (Roms compris) dans chacun de ces pays, quand en France on les estimait à moins de 200 000 »*, relève Martin Olivera. Pourtant, les Roms sont nettement plus « visibles » dans l'Hexagone que chez nos voisins – ce qui ne manque pas de renforcer le sentiment d'intolérance à leur égard. *« En France, en raison de la crise du logement mais aussi d'une réelle discrimination dans l'accès à l'habitat, les migrants précaires d'origine européenne, qu'ils soient roms ou non, se retrouvent obligés d'habiter en bidonville*, explique l'anthropologue. *Ce n'est pas le cas en Espagne, par exemple, où une majorité de Roms arrivent à se loger dans le parc immobilier classique ou plus informel (sous-location, squat...).* »

On dénombre quatre cents « campements illicites » dans l'Hexagone, selon la terminologie officielle, dont les deux tiers se trouvent en région parisienne. Coincés près des voies ferrées ou sous des bretelles routières, ces bidonvilles faits de baraques en matériaux de récupération ou de vieilles caravanes offrent chaque jour une vue de désolation à des milliers d'automobilistes et de passagers des transports en commun... *« Malgré les apparences, ces bidonvilles – surtout s'ils sont durables – sont moins miséreux qu'on les imagine vus de loin*, nuance Martin Olivera. *Certaines habitations sont même dotées de véranda avec double vitrage, comme le montrait bien* Stella, *le film de Vanina Vignal tourné en 2007 dans le bidonville du Hanul, à Saint-Denis en Seine-Saint-Denis.* »

Fermé en 2010 après dix années d'existence, le Hanul reste cependant une exception. Les évacuations régulières sont en effet la norme et certaines personnes peuvent se retrouver expulsées plusieurs fois au cours de la même année, ce qui ne fait que déplacer le problème, selon les chercheurs. Malgré la circulaire de 2012, qui demande d'effectuer un « diagnostic social et économique » avant chaque démantèlement de camp, en Île-de-France l'immense majorité des expulsions se font aujourd'hui sans proposition de relogement. Les familles n'ont par conséquent d'autre choix que de reconstruire un bidonville quelques kilomètres plus loin. *« C'est préjudiciable aux enfants qui étaient scolarisés dans les écoles voisines,* regrette Martin Olivera, *et cela donne l'impression d'un afflux continu de migrants. »* Ces expulsions font aussi des victimes collatérales, certains couples avec enfant se retrouvant à la rue et dans l'obligation de faire appel au Samu social. *« Ils sont sur la bascule du 115 et font des allers-retours entre les hôtels des quartiers d'affaires le week-end et les hôtels de tourisme la semaine,* raconte Grégoire Voisin. *Faute de chambres disponibles, il n'est pas rare que ces familles doivent passer une à deux nuits par semaine dans la rue. »*

Si les chercheurs remettent en question l'efficacité des évacuations pratiquées depuis quinze ans, ils s'interrogent aussi sur leur base légale. *« Dans un premier temps, ce sont les juges saisis directement par les propriétaires de ces terrains situés en zone périurbaine – généralement des organismes publics ou parapublics – qui ordonnaient ces évacuations au motif du respect de la propriété privée,* détaille Grégoire Cousin. *Ces dernières années, néanmoins, la justice a eu tendance à opposer le droit à la vie privée et familiale au strict respect de la propriété privée… »* La majorité des expulsions de bidonvilles sont désormais prononcées par les maires des communes concernées. *« Les édiles mobilisent pour cela un article du Code général des collectivités territoriales les autorisant à pratiquer des expulsions dans les cas de "menace grave et imminente à l'ordre public". »* Une interprétation de l'« ordre public » qui fait aujourd'hui débat.

De quoi vivent les Roms ?

Les Roms migrants qui vivent dans l'Hexagone y viennent avant tout pour travailler, quelques mois ou quelques années. Si la mendicité, pratiquée surtout par les femmes, ou encore la musique dans le métro, font partie de leurs activités les plus visibles, ce sont loin d'être les seules. *« Certains Roms sont biffins – ils récupèrent ce qui peut l'être dans les poubelles des quartiers aisés et monnayent ces objets sur le marché aux puces,* détaille Céline Bergeon. *La ferraille qu'ils ramassent et revendent aux ferrailleurs est une autre niche économique assez répandue. Ces personnes souvent peu qualifiées font aussi des boulots d'intérim, dans les abattoirs par exemple ou dans les activités de ménage… »* Avec une spécificité forte : les revenus issus de ces activités sont redistribués au sein de la famille. *« On parle ici d'un modèle très différent de la famille nucléaire à l'occidentale,* précise Céline Bergeon. *Une famille rom s'apparente davantage à une "maisonnée", au sein de laquelle vivent plusieurs familles nucléaires, frères, sœurs, cousins, parfois avec les grands-parents, ce qui peut représenter jusqu'à vingt ou vingt-cinq personnes. »*

Autant le dire tout de suite : ces « réseaux familiaux », bien réels, n'ont rien à voir avec les supposés réseaux criminels des bidonvilles roms. *« Les activités criminelles concernent très peu de gens,* assure Grégoire Cousin, *à moins de considérer que la mendicité est un délit, évidemment. Certes, il y a eu des cas de vol ou de prostitution motivés par le remboursement de dettes prohibitives contractées en Roumanie – c'est le système de la "kamata", qui voit les taux d'intérêt doubler tous les mois –, et bien sûr tous les Parisiens connaissent les "fausses sourdes-muettes", ce groupe de jeunes filles en rupture avec leur famille qui fait signer des pétitions aux touristes pour mieux les détrousser, mais rien qui ressemble de près ou de loin à des réseaux organisés, comme certains les fantasment. »*

fig. haut La Roma Pride, mobilisation pour la dignité des Roms et des gens du voyage.
© M. Nascimento/REA

fig. bas Des Roms de Bulgarie manifestent contre les expulsions devant l'ambassade de France à Sofia, en septembre 2010.
© B. Katsarova/Cosmos

fig. haut En Roumanie, la plupart des Roms sont propriétaires de leur petite maison. ©B.Steinz/Panos-REA

fig. bas Certains ont fait fortune dans la ferraille et construit de grosses demeures, comme ici, à Buzescu. ©I.Kashinsky/Panos-REA

En réalité, les activités économiques des Roms migrants sont en grande partie tributaires des politiques migratoires à l'égard de leurs pays d'origine : Roumanie et Bulgarie. S'ils sont aujourd'hui membres à part entière de l'Union européenne, ces deux pays d'Europe orientale ont en effet suivi un parcours d'intégration long et progressif…

Les Roms sont-ils des Européens comme les autres ?

Dès l'ouverture des négociations de l'Union européenne avec la Roumanie et la Bulgarie en 2002, les ressortissants de ces deux pays ont pu circuler librement dans l'espace Schengen, mais comme touristes seulement. *« Ils n'avaient pas le droit de s'installer plus de trois mois ou de travailler,* explique Grégoire Cousin. *C'est ce qui a justifié pas mal de reconduites à la frontière de personnes roms, au motif qu'elles étaient de faux touristes. »* En 2007, la Roumanie et la Bulgarie ont intégré officiellement l'Union européenne, mais le sort de leurs travailleurs, Roms ou non, n'a pas connu d'évolution majeure. Inquiets de voir débarquer une masse de travailleurs non qualifiés, plusieurs pays européens dont la France ont en effet décidé de mettre en place des « mesures transitoires » les excluant de facto du marché du travail : seules quelques dizaines de professions « en tension », dûment listées (informaticien, aide-soignant, cuisinier, poissonnier, médecin ou mannequin…), leur étaient en effet accessibles.

D'où un véritable cercle vicieux : *« Sans possibilité de travailler légalement, les Roms ont été cantonnés à l'économie grise, ce qui a permis de poursuivre la politique d'expulsion à leur égard au motif qu'ils ne pouvaient justifier de revenus suffisants pour rester sur le territoire français et qu'ils risquaient de devenir une charge pour la société française »,* indique Grégoire Cousin. Une situation dont les chercheurs ne manquent pas de relever l'absurdité : depuis 2007, et l'adhésion de la Roumanie et de la Bulgarie à l'Union européenne, les Roms ressortissants de ces pays sont devenus des citoyens européens (en théorie) comme les autres et ont le droit de circuler librement dans toute l'Europe ; les obligations de quitter le territoire français (OQTF) que les forces de l'ordre continuent de leur distribuer « tombent » donc sitôt la frontière française franchie. *« La plupart des Roms frappés d'une OQTF passent quelques jours au pays et reviennent en France, d'autres choisissent de faire des allers-retours entre les deux pays pour échapper à ces expulsions »,* précise Céline Bergeon.

La fin des mesures transitoires, effective depuis janvier 2014, commence à faire bouger les lignes : désormais, il n'est plus question de métiers réservés, et le marché du travail dans son entier est ouvert aux ressortissants roumains et bulgares. *« De nombreux Roms âgés de 20 à 30 ans dégotent des boulots comme manœuvre à Rungis, chauffeur à mi-temps…,* témoigne Martin Olivera. *Certains trouvent des petits appartements ou des squats à deux familles et quittent le bidonville. »* Si la logique institutionnelle d'exclusion reste obstinément la même, les histoires individuelles qui sont en train de s'écrire donnent aujourd'hui de vraies raisons d'être optimiste.

→ Purificación López-García

« Je me souviens...

… de ma première expédition au nord-est de l'Éthiopie, sur le site hydrothermal de Dallol. Ce volcan en formation, unique au monde, est l'endroit de tous les extrêmes avec des records de salinité, de température et d'acidité. Début 2016, nous avons prélevé une grande diversité d'échantillons et mesuré les paramètres physico-chimiques dans les vasques et les geysers qui jalonnent le site. Nous avons repéré des micro-organismes dans certains de nos échantillons. De nouveaux prélèvements, collectés en janvier 2017, devraient nous permettre d'en savoir plus. »

Purificación López-García, microbiologiste au laboratoire Écologie, systématique et évolution

De l'erreur de calcul à l'erreur judiciaire

Derrière l'objectivité des chiffres avancés dans certaines affaires judiciaires se dissimule une utilisation mal maîtrisée ou dévoyée des mathématiques. Leila Schneps, mathématicienne et coauteur de l'ouvrage *Les Maths au tribunal*, décortique ce phénomène étrange.

entretien réalisé par Lydia Ben Ytzhak
lieu Institut de mathématiques de Jussieu – Paris Rive Gauche (CNRS/Université Pierre et Marie Curie/ Université Paris Diderot)
mots-clés probabilités, statistiques, syndrome de Münchausen, fausses intuitions

Dans de très nombreux procès, notamment aux États-Unis, probabilités et statistiques ont servi à innocenter ou à démontrer la culpabilité de personnes et d'institutions accusées de meurtre, de vol, d'espionnage ou de discrimination. Pourquoi cet usage des mathématiques, qui cherche à rétablir une certaine justice, aboutit-il bien souvent à un résultat opposé ?

Leila Schneps : Avec les mathématiques, il existe de multiples manières de se tromper, et il ne s'agit pas seulement de simples erreurs de calculs. Ne pas comprendre le sens de mathématiques parfaitement justes est un phénomène très fréquent. L'accusation de discrimination sexuelle à l'encontre de l'université de Berkeley, en Californie, est l'illustration parfaite d'un paradoxe connu sous le nom de « paradoxe de Simpson ». Les administrateurs de l'université, ayant pris conscience du fait que 45 % des candidats masculins étaient acceptés contre seulement 35 % des candidates – alors même que les femmes ont en moyenne de meilleurs résultats que les hommes à l'université – ont décidé d'examiner ces statistiques département par département pour localiser les coupables. Quelle ne fut pas leur surprise de constater que chacun des départements acceptait autant de candidats femmes que d'hommes, sinon plus !

Ce paradoxe a pourtant une explication très simple : dans les « petits » départements, comme l'histoire de l'art, il y a beaucoup plus de candidates que de candidats, tandis que dans les départements immenses, comme les études d'ingénierie, il y a nettement plus de candidatures masculines. On arrive ainsi à une situation où, par exemple, sur 100 candidats en histoire de l'art – 80 femmes et 20 hommes –, sont admis 16 femmes et 4 hommes, soit 20 % de chaque groupe, tandis qu'en ingénierie, sur 100 candidats – disons 70 hommes et 30 femmes –, 35 hommes et 15 femmes sont acceptés, soit 50 % de chaque groupe. Vue comme cela, la répartition est totalement égale. Pourtant, si l'on combine les deux groupes, on constate qu'il y a un total de 200 candidats dont 110 femmes et 90 hommes, parmi lesquels l'université accepte 39 hommes (soit 43 %) et seulement 31 femmes (soit 28 %). On peut donc avoir la fausse impression d'une vraie injustice ! On voit ici comment des chiffres justes peuvent donner lieu à des interprétations erronées.

Un autre exemple frappant est celui du faux syndrome de Münchausen par procuration…

L. Schneps : Le syndrome de Münchausen désigne une maladie mentale qui amène le patient à se faire mal dans le but d'attirer l'attention et les soins du personnel médical. Par extension, on a défini un syndrome de Münchausen « par procuration », qui concerne des personnes qui, pour les mêmes motifs, blessent délibérément un tiers incapable de se défendre ou de parler, en l'occurrence souvent un bébé. Même s'il est certain que ce genre de cas a pu exister, ce diagnostic est devenu à une époque tellement « à la mode » outre-Manche que des centaines, peut-être des milliers d'enfants ont été retirés à leurs parents, parfois pour mourir loin d'eux, alors qu'ils étaient tout simplement atteints d'une véritable maladie non diagnostiquée. Pire, au plus fort de ce mouvement, des dizaines de mères dont les bébés étaient morts subitement furent condamnées et emprisonnées pour meurtre. C'est ce qui est arrivé à Sally Clark, qui a dû passer plusieurs années en prison après avoir été accusée du meurtre de deux de ses enfants. Comme dans la plupart des procès de ce genre, sa condamnation reposait essentiellement sur le témoignage du médecin « inventeur » de ce fameux syndrome par procuration. Celui-ci soutenait en particulier que la mort subite du nourrisson était un événement totalement aléatoire et d'une probabilité très faible, qu'il estimait à 1/8 000.

Ces probabilités étaient donc fantaisistes ?

L. Schneps : Non, elles étaient correctes ; le problème, c'est l'utilisation qu'il en a faite. Pour bien comprendre, il faut revenir aux règles de calcul des probabilités. Prenons le cas d'un couple qui a décidé d'avoir deux enfants et dont la femme apprend qu'elle est enceinte : si elle mène sa grossesse à terme, la probabilité qu'elle accouche d'un garçon est de 1/2. Si la femme donne successivement naissance à deux enfants, la probabilité pour le couple d'avoir deux garçons est 1/2 x 1/2, soit 1/4. Mais effectuer cette multiplication n'est valable qu'à la condition que les deux événements soient indépendants, comme c'est le cas pour deux grossesses séparées. Par exemple, si la femme passe une échographie et apprend qu'elle est enceinte de vrais jumeaux, les deux naissances ne sont plus des événements indépendants et la probabilité d'avoir deux garçons (ou deux filles) est cette fois-ci de 1/2.

Où le médecin s'est-il trompé ?

L. Schneps : En se basant sur la probabilité de 1/8 000 qu'un bébé décède d'une mort subite du nourrisson, notre médecin « expert » a considéré que le risque pour une mère de perdre deux enfants de cette façon était donc de 1/8 000 x 1/8 000. Sa conclusion, apparemment logique, fut qu'une femme n'avait qu'une seule « chance » sur 64 millions d'être frappée

fig. haut À Londres, le 29 janvier 2003, Sally Clark, accusée du meurtre de ses deux fils, a gagné son procès en appel. © S. Hird/Reuters

fig. bas Des étudiants assistent à la cérémonie de remise des diplômes, à l'université de Berkeley, en Californie, en mai 2015. © N. Berger/Reuters

par deux morts subites du nourrisson successives et, si ce cas se présentait, l'interprétation la plus raisonnable serait qu'il s'agit d'un double meurtre. Mais ce raisonnement, et le calcul qui y menait, faisait fi d'un fait bien connu : la probabilité qu'une mort subite survienne dans une famille donnée dépend de facteurs comme l'âge de la mère, la présence de fumeurs dans l'entourage, etc. Ce qui revient à dire que lorsqu'elles adviennent dans une même famille, deux morts subites ne sont pas des événements indépendants et qu'on ne peut, dans ce cas, simplement multiplier les probabilités de chaque événement individuel pour calculer le risque. En outre, il était faux d'affirmer qu'il n'y avait que deux possibilités (soit les deux enfants étaient décédés de mort subite, soit leur mère les avait tués). En réalité, il y en avait une troisième, de loin la plus probable, à savoir que l'un ou les deux enfants étaient morts d'une maladie que les médecins n'avaient pas réussi à déceler, ni avant le décès ni lors de l'autopsie. Et c'est justement ce qui a pu être prouvé lors du réexamen du dossier médical : le deuxième enfant souffrait d'une grave infection au moment de son décès.

Ces erreurs proviennent-elles d'une volonté délibérée de manipulation ou plutôt de l'ignorance, qu'il s'agisse de celle des accusateurs, des défenseurs ou des jurés ?

L. Schneps : Heureusement, la vraie volonté de manipulation est assez rare. Mais ce qu'on perçoit très souvent, c'est que les uns et les autres utilisent ou interprètent les calculs et les chiffres d'une manière à étayer l'opinion qu'ils ont déjà : ils tombent dans le piège du biais de confirmation. C'est pourquoi je pense qu'il faudrait toujours la présence d'une personne entraînée et objective pour observer l'utilisation des mathématiques dans un procès.

Au tribunal comme ailleurs, il existe aussi de « mauvaises intuitions mathématiques » dues à des biais cognitifs…

L. Schneps : Oh que oui ! Je vais vous donner mon exemple préféré, car il rend tout le monde

fig. Un témoin discute d'une preuve ADN avec l'avocat et le juge, au cours d'un procès. ©PNC/Getty Images fou, y compris les mathématiciens et même les probabilistes. Imaginez que lors d'un voyage, votre voisin, en bavardant, vous fait savoir qu'il a deux enfants dont un fils qui, vous l'apprenez au passage, est né un mardi. La question est la suivante : quelle est la probabilité que l'autre enfant de cet homme soit une fille ?

Spontanément, on aurait envie de répondre 50 %, car savoir que l'un des enfants est un garçon ne préjuge en rien du sexe de l'autre. Eh bien c'est faux ! Car si on ne connaissait que le fait que l'un des enfants est un garçon, la probabilité que l'autre soit une fille serait de 2/3. En effet – sans compter les jumeaux –, les familles de deux enfants sont réparties en quatre types : gg, gf, fg et ff. Mais comme cette famille n'est pas du type ff (puisqu'il y a un fils), elle est forcément de type gg, gf ou fg ; ces trois types étant également répartis, il y a bien deux chances sur trois que l'autre enfant soit une fille.

Mais nous savons aussi que le garçon est né un mardi. Cela paraît incroyable, absurde, de penser que ce fait puisse changer la probabilité d'avoir une fille. Pourtant c'est bien le cas ! En effet, si l'on dresse la liste de toutes les possibilités d'avoir une famille de type gg, par exemple, avec tous les jours de la semaine, on arrive à 49 possibilités. Il en sera de même pour les familles de type gf et fg, soit un total de 147 possibilités. Si l'on écarte maintenant toutes celles qui ne contiennent pas un garçon né un mardi, il en reste exactement 27, dont 13 où l'autre enfant est un garçon, et 14 où il s'agit d'une fille. D'où une probabilité de 14/27 que l'autre enfant soit une fille... Il y a de quoi s'arracher les cheveux !

La sacralisation actuelle des chiffres n'est-elle pas le pendant du relatif « analphabétisme mathématique » des magistrats comme du grand public ?

L. Schneps : Oui, certainement. Je crois que le sentiment de ne pas comprendre quelque chose produit toutes sortes de réactions psychologiques, allant du rejet méprisant au respect un peu craintif : ces sentiments apparaissent en particulier dès qu'une personne investie d'autorité nous assène une explication incompréhensible sur un ton péremptoire. Si l'on n'a pas les moyens de comprendre ce qu'on nous dit, encore moins d'y opposer des arguments logiques, on a beaucoup de mal à objecter, c'est tout simplement plus facile de l'accepter – mais c'est normal d'éprouver un peu de ressentiment en même temps. C'est très dommage, parce qu'en réalité les mathématiques utilisées dans les procès ne sont pas plus difficiles que celles qu'on apprend au lycée, elles sont à la portée de tout le monde.

Que préconisez-vous pour y remédier ?

L. Schneps : Il est capital de développer le sens – oserais-je dire le goût ? – des nombres, ainsi que l'esprit critique. Cela passe par un enseignement différent dès le plus jeune âge : les enfants pourraient apprendre à faire leurs propres estimations numériques dès qu'ils savent compter et à juger tout énoncé mathématique avec un esprit critique. Les cours de maths devraient contenir une multitude de questions sans « bonne » ni « mauvaise » réponse – deviner combien il y a de bonbons dans le bocal, par exemple, ou estimer la hauteur des bâtiments alentour ou le nombre de mètres carrés de papier peint qu'il faut pour tapisser la salle de classe. Plus tard, cela peut être intéressant de savoir estimer la taille d'une foule de manifestants vue à la télévision ou le coût réel de certaines opérations. Ce genre d'exercice sur des phénomènes familiers permet de déceler de nombreuses erreurs ou absurdités dans les journaux. Les nombres sont comme autant de mots ajoutés à notre vocabulaire pour décrire le monde qui nous entoure... Profitons-en ! ■

Pour en savoir plus : *Les Maths au tribunal.* Leila Schneps et Coralie Colmez, Seuil, coll. « Science ouverte », septembre 2015, 288 p., 20 €

Les richesses de l'océan

Ils couvrent plus des deux tiers du globe, hébergent une biodiversité luxuriante et régulent le climat de la planète. C'est peu dire que l'humanité dépend des océans. Pourtant, ils restent en grande partie une terre inconnue. Les scientifiques mettent ainsi tout en œuvre pour mieux comprendre les multiples phénomènes qui s'y déroulent, dresser l'inventaire de la vie marine et trouver des solutions pour protéger ces géants bleus affectés par les activités humaines. *Carnets de science* vous invite à découvrir certains de leurs précieux travaux.

La mer, avenir de l'homme

Touché de plein fouet par le changement climatique, la surpêche et autres activités humaines, l'océan change à grande vitesse. Or il permet la subsistance de milliards de personnes et recèle peut-être les sources d'énergie et les médicaments de demain. Les scientifiques se mobilisent pour multiplier les études sur les flots, avant qu'il ne soit trop tard.

article écrit par Léa Galanopoulo
mots-clés biodiversité, écosystème, phytoplancton, réchauffement climatique, surpêche, énergie
à lire https://lejournal.cnrs.fr/node/1185

L'océan est le thermostat de notre planète. Foyer d'une incroyable biodiversité, bordant la majorité des villes, il constitue pour l'humanité une source importante de son alimentation et, demain peut-être, de son énergie. C'est peu dire que l'océan est appelé à jouer les premiers rôles dans les décennies à venir. Et pourtant, il demeure encore et surtout un grand inconnu. Difficile en effet de cerner un tel colosse, vaste de plus de 360 millions de kilomètres carrés et profond de 4 kilomètres en moyenne, régi par des phénomènes complexes eux-mêmes perturbés par l'action des hommes. *« Nous sommes tellement loin de bien connaître l'océan que, à chaque expédition, nous découvrons toujours quelque chose de nouveau »*, raconte Sabrina Speich, professeure d'océanographie physique et sciences du climat au Laboratoire de météorologie dynamique [1] (LMD) de l'Institut Pierre-Simon Laplace (IPSL). *« Pensez-y : nous ne connaissons pas encore bien ce qui se passe à la surface, qui est pourtant observable par satellite et plus facile d'accès par les planeurs, les flotteurs ou les navires d'opportunité. »* Ces derniers sont des navires scientifiques, à l'instar de la goélette *Tara*, qui partent en mer spécialement pour étudier des paramètres donnés des océans.

Depuis une quinzaine d'années, de nouveaux outils d'étude permettent de mieux comprendre le fonctionnement des mers, et notamment leur rôle dans la régulation climatique. Il y a quelques semaines, Sabrina Speich a ainsi embarqué à bord de l'expédition océanographique SAMBA/SAMOC pour tenter de mieux comprendre *« comment la machine océan régule notre système climatique »*. Parti le 4 janvier dernier d'Afrique du Sud, le navire a rejoint les côtes sud-américaines au mois de février afin d'étudier, pour la première fois dans cette région à la lisière entre l'océan Austral et l'Atlantique, les paramètres physiques et géochimiques de l'océan sur toute sa profondeur. Cette expérience vient compléter les observations rendues possibles par les flotteurs Argo, mis en place dans les années 2000. Aujourd'hui, près de 4000 de ces flotteurs profilants autonomes mesurent en temps réel la température et la salinité des océans jusqu'à 2000 mètres de profondeur et transmettent les données recueillies par satellite. *« Ils fonctionnent vraiment très bien et nous ont permis de découvrir des régions immenses que nous n'avions jamais, ou presque jamais observées »*, raconte Sabrina Speich.

L'océan, grand régulateur du climat

Malheureusement, les explorations océanographiques ne ramènent pas que de bonnes nouvelles. Elles ont même souvent été l'occasion de constater l'ampleur des dégâts provoqués par le réchauffement climatique. Lorsque la température augmente, l'océan se dilate et provoque une montée des eaux côtières, accentuée par la fonte des glaces polaires. Cette élévation du niveau de la mer ne cesse d'être réévaluée à la hausse. Alors que le dernier rapport du GIEC [2] prévoyait une montée de 60 centimètres pour 2100, elle est désormais estimée à 1 mètre. *« En dix ans, cette estimation a presque triplé. Car si l'on considère la fonte des glaces de l'Antarctique, la montée atteindrait même les 2 mètres. Ce qui prouve que l'on a souvent tendance à sous-estimer l'état des océans »*, insiste Françoise Gaill, directrice de recherche émérite au CNRS et coordinatrice scientifique de la plateforme Océan et Climat [3]. Cette hausse n'est pas sans conséquence sur nos sociétés humaines, puisque la majorité de la population vit le long des côtes. Aujourd'hui, certaines îles du Pacifique sont même menacées de disparition pure et simple.

Si l'océan est très sensible aux effets du réchauffement climatique, il en est également le principal régulateur, comme le précise Sabrina Speich : *« Il absorbe 93 % de l'excès de chaleur dû aux émissions de gaz à effet de serre que l'homme injecte dans l'atmosphère. »* Actuellement, les courants océaniques distribuent lentement cette chaleur en excès sur tout le volume des mers, ce qui rend minimes les modifications de température en profondeur.

Un vivier de molécules thérapeutiques

Encadré 1

Molécules anti-âge, anticancéreuses, cosmétiques... Et si l'avenir de la médecine se trouvait dans les océans ? C'est la question à laquelle va tenter de répondre le projet Tacsmar, qui a débuté le 1er avril 2016. Sept campagnes de collectes de micro-organismes marins ou encore d'invertébrés vont être lancées, à la recherche de molécules bioactives, en Méditerranée, dans la mer Rouge ou encore dans l'océan Indien. Soutenu par le financement européen Horizon 2020, Tacsmar, auquel participe le CNRS, s'inscrit dans un objectif de « croissance bleue », qui reconnaît l'océan comme une source d'économie, mais durable.

fig. haut Flotteur Argo lors de l'expédition SAMBA/SAMOC MSM60, janvier 2017.
©S.Speich/ SAMBA-SAMOC MSM60

fig. bas Vue sous-marine de la partie immergée d'un iceberg, près de la base Dumont d'Urville, en Terre Adélie. Cette photographie a été réalisée dans le cadre du programme Revolta (Ressources écologiques et valorisation par un observatoire à long terme en Terre Adélie).
© E. Amice/LEMAR/CNRS Photothèque

[1] Unité CNRS/École polytechnique/ Université Pierre et Marie Curie/ École nationale supérieure de Paris/ École des Ponts ParisTech.
[2] Groupe d'experts intergouvernemental sur l'évolution du climat.
[3] www.ocean-climate.org

Véritable pompe à carbone, *« l'océan absorbe 25 % du CO_2 d'origine anthropique »*, explique la chercheuse et cela, via deux mécanismes. Cette absorption a lieu en grande majorité grâce à des processus physiques et chimiques. Le CO_2 atmosphérique en excès est absorbé dans les couches superficielles de l'océan, en particulier dans les eaux froides de surface, car le froid rend le CO_2 plus soluble. Ces eaux vont ensuite plonger en profondeur, emmenant avec elles cet excès de carbone. Des milliers d'années plus tard, ce carbone absorbé sera en partie relargué dans l'atmosphère, mais la grande majorité va rester dans l'océan le rendant plus acide.

Le fonctionnement du vivant a aussi une importance capitale pour le cycle du carbone océanique. Le phytoplancton en particulier joue un rôle clé : ces algues microscopiques utilisent le CO_2 et le transforment en matière organique dont une partie chute vers le fond de l'océan. À elles seules, ces algues réalisent la moitié de toute la production de matière organique sur notre planète – autant que les végétaux de nos continents. Grâce à cette production primaire, le plancton est à la base de toute la chaîne alimentaire dans l'océan.

Connaître la répartition et la quantité de phytoplancton partout sur Terre fait clairement partie des enjeux pour la recherche, qui utilise des satellites « couleur de l'océan » pour mieux cartographier sa présence. De là à imaginer qu'une fertilisation artificielle du plancton marin permettrait de réguler les gaz à effets de serre, il n'y a qu'un pas que certains aimeraient bien franchir. Mais pour Françoise Gaill, exploiter ces pompes biologiques est illusoire : *« Le plancton fonctionne dans des conditions particulières qui ne sont pas extrapolables à la Terre entière. Et si on donne trop de CO_2 au plancton, il va saturer. »* Elle ajoute par ailleurs qu'il *« faut faire très attention à la bio-ingénierie »*, soit l'utilisation du vivant, pour régler des problèmes climatiques, par exemple. Une solution qu'écarte également Sabrina Speich : *« Les conséquences d'un développement plus important du phytoplancton pourraient altérer davantage les écosystèmes marins. »*

Menaces sur la biodiversité marine

Car l'océan est un réservoir incroyable de biodiversité. Des grands mammifères aux organismes extrêmophiles qui vivent dans les profondeurs, près de trois cent mille espèces ont déjà été identifiées, avec une moyenne récente de deux mille découvertes chaque année ! Mais c'est encore bien peu par rapport au nombre réel d'espèces marines estimé, qui atteindrait lui les deux millions [4].

Certains écosystèmes thermaux, qui peuvent vivre aux abords de sources sulfurées ou de cheminées hydrothermales, survivent dans des conditions extrêmes et stressantes : eau acide, taux de CO_2 très élevé et milieu pauvre en oxygène. *« Ces organismes prouvent que le vivant peut s'adapter à son environnement au cours de son évolution »*, souligne Françoise Gaill. Reste que les changements en cours, rapides et de grande ampleur, causent déjà bien des dégâts parmi la faune marine. Ainsi, les coraux sont clairement en danger, comme nous le confirme Serges Planes, directeur scientifique de l'expédition Tara Pacific et directeur de recherche au Centre de recherche insulaire et observatoire de l'environnement en Polynésie (Criobe), parti étudier l'état de cette faune si particulière pour deux ans : *« La mortalité des coraux lors de l'événement El Niño [5] de 2015-2016 a été très importante, elle atteindrait 20 % des coraux de la planète. »* [Encadré 2] L'augmentation de la température de l'eau est un vrai traumatisme pour ces animaux au squelette calcaire. Sous l'effet du réchauffement, le corail, en état de stress, va évacuer ce qui lui donne son énergie et sa couleur : les microalgues présentes sur son squelette, avec qui il vit en symbiose. Prochainement, les coraux seront victimes de ce blanchissement, et l'acidification

[4] Appeltans, W., Ahyong, Shane, T., Anderson, G. *et al.*, « The magnitude of global marine species diversity », *Current Biology*, vol. 22, issue 23, 4 décembre 2012, p. 2189-2202 et WoRMS (World register for marine species). www.marinespecies.org

[5] Cet épisode de réchauffement climatique, qui survient ponctuellement, est renforcé par le réchauffement climatique anthropique.

fig. Mission Tara Pacific. Navigation du navire depuis Malpelo en Colombie vers la Polynésie française en 2016.
© M. Bardy/Tara Expeditions Foundation

Les gènes de l'océan

Encadré 2

Le génome des organismes marins est passé au crible, pour prendre conscience de l'ampleur de la biodiversité marine. Serges Planes, directeur de recherche CNRS au Criobe [1], a fait de l'étude génomique des coraux le cœur de l'expédition Tara Pacific. *« La génomique marine permet d'étudier les différents processus écologiques, les migrations, les réseaux trophiques : qui est consommé par qui ? »*, explique-t-il. Et la comparaison génétique de plusieurs organismes marins permet parfois de retracer des fragments des origines de la vie. En 2015, dans un article de la revue *Nature* [2], une équipe a affirmé avoir trouvé l'un des chaînons manquants de l'évolution et ce, grâce à l'étude génomique d'une archébactérie retrouvée en Norvège, au fond de l'océan Arctique. *« Avec la génétique marine, on cherche aussi à comprendre tout le développement et le rôle du microbiote au sein d'un organisme »*, indique Serge Planes. Microalgues, virus, bactéries ou encore protistes recouvrent les organismes marins macroscopiques. Et comme chez l'homme, le microbiote semblerait jouer un rôle essentiel, encore mal connu. *« On se demande si toutes les transformations macrologiques que l'on observe sur les animaux marins et les écosystèmes, comme le blanchissement des coraux, ne sont pas en réalité la conséquence d'un problème de stress du microbiote »*, propose le chercheur.

[1] Unité CNRS/École pratique des hautes études/Université de Perpignan Via Domitia.

[2] « Complex archaea that bridge the gap between prokaryotes and eukaryotes », Anja Spang *et al.*, *Nature*, 2015, vol. 521, p. 173–179.

fig. haut Plongée pour étudier les coraux de l'île Ducie, au cours de l'expédition Tara Pacific en 2016. © P. West/Fondation Tara Expeditions

fig. bas Thon rouge de l'Atlantique (*Thunnus thynnus*) nageant dans un filet de pêche près de la côte turque en mer Méditerranée. © R. Herrmann/Minden pictures/Biosphoto de l'océan accroît encore plus leur fragilité. Pourtant, *« ils sont une richesse pour nous, une diversité »*, insiste Serge Planes, qui précise que *« s'ils ne couvrent que 0,1 % de la surface des océans, les récifs coralliens abritent 30 % de la biodiversité marine »*. Par ailleurs, cinq cent millions de personnes dépendent directement de ces écosystèmes, soit 8 % de la population mondiale. La mort des coraux est-elle alors inévitable? *« Le corail pourrait se renouveler, mais il faudrait contrôler l'augmentation de la température »*, répond le chercheur. Il y a encore de l'espoir : en 2015, alors qu'un important phénomène de blanchissement a frappé Hawaii, 70 % du corail a réussi à résister. Si Tara Pacific participe à la sensibilisation autour de ces récifs, parcourant plus de 100 000 kilomètres à travers le Pacifique, beaucoup reste encore à faire.

Des animaux marins en grand danger

Autre menace majeure : la surpêche. Un fléau mondial amorcé dans les années 1980, au moment *« où la pêche mondiale a arrêté d'être simplement locale pour devenir internationale »* nous raconte Philippe Cury, directeur de recherche à l'Institut de recherche pour le développement (IRD). En plus d'amoindrir les stocks d'animaux marins, la surpêche provoque des disparitions locales d'espèces. *« Aujourd'hui, on estime que 30 à 40 % des espèces sont surexploitées »*, déplore le biologiste, qui précise que, *« au niveau mondial, les populations actuelles de grandes espèces de poissons représentent moins de la moitié de ce qu'on avait il y a cinquante ans »*.

Berceau de la diversité, la Méditerranée est aujourd'hui devenue un symbole de la surpêche. Premières victimes, les gros poissons, comme les raies, les mérous, les merlus ou le thon rouge. Le nombre de requins y a été divisé par cent depuis les années 1950. Et sur les quatre-vingt-six espèces de requins alors répertoriées, onze d'entre elles n'ont pas été observées depuis des décennies. *« C'est un problème généralisé aux grands animaux, mais il ne faut pas non plus oublier les oiseaux marins, très impactés par la surpêche parce qu'ils n'ont plus rien à manger »*, rappelle Philippe Cury. Selon lui, la disparition d'espèces marines reste largement sous-estimée, voire ignorée : *« La mer est un milieu obscur et diffus, où il restera toujours un individu caché quelque part. Au dessous d'un certain seuil d'individus, il est très difficile d'estimer la disparition totale d'une population »*. Et les chercheurs ont du mal à publier sur ce sujet, car il faut qu'une espèce ne soit pas pêchée pendant au moins soixante ans pour qu'on estime qu'elle a bel et bien disparu. *« Cette logique est d'un cynisme total »*, s'indigne le scientifique.

Au début des années 2000, cent trente millions de tonnes de poissons étaient pêchées chaque année. Un chiffre en diminution aujourd'hui, car il y a de moins en moins d'animaux à capturer. Le poisson est la denrée alimentaire la plus échangée au niveau mondial, largement devant le blé ou le riz. *« La pression sur la mer est énorme. Un poisson sur deux s'échange sur les marchés internationaux »*, s'inquiète le chercheur, qui pointe du doigt notre consommation croissante de produits de la mer. Alors que dans les années 1960, la consommation annuelle de poisson s'élevait à 9 kilos par personne, elle dépasse désormais les 20 kilos en moyenne mondiale et atteint 35 kilos en France, dont une partie conséquente de poissons sauvages. Une aberration pour Philippe Cury, qui explique que *« désormais on consomme du poisson sauvage à l'échelle industrielle. C'est un peu comme si on mangeait de la viande sauvage, du bison ou du lion, mais avec une consommation de masse »*. Pour relâcher la pression alimentaire sur la mer, des solutions existent, comme l'aquaculture, *« mais encore faut-il que l'espèce élevée ne mange pas de poisson »*, indique le chercheur. En effet, plus d'un tiers des poissons péchés sont transformés en farine ou en huile pour alimenter l'aquaculture, notamment. Dans l'avenir, la consommation d'animaux

Explorer la terre enfouie sous les flots

Encadré 3

Lancé en 1968, le programme international de forage scientifique dans les océans, qui porte le nom d'International Ocean Discovery Program (IODP), permet aux chercheurs d'une trentaine de pays d'échantillonner la croûte océanique. *« L'IODP dispose de deux navires qui peuvent forer dans les grands fonds »*, explique Georges Ceuleneer, directeur de recherche CNRS et président du bureau IODP France. Les deux premiers kilomètres de la croûte créée au niveau des dorsales océaniques ont ainsi été échantillonnés. Cette prouesse technologique est pour les scientifiques une mine de renseignements, notamment sur la tectonique des plaques, l'évolution du climat ou la formation des roches magmatiques. Une campagne récente s'est attachée à étudier le cratère d'impact de Chicxulub, au Mexique, daté à 65 millions d'années et probablement à l'origine de l'extinction des dinosaures. *« Le forage en mer nous permet également d'étudier la biosphère profonde et de savoir quels organismes sont cachés dans les roches de la croûte océanique. C'est une opportunité extraordinaire pour essayer de comprendre l'origine de la vie »*, s'enthousiasme le chercheur. Étudier la géologie marine renseigne enfin sur les phénomènes terrestres *« comme la mousson, les risques sismiques et tsunamigéniques, tels le séisme de Sumatra ou le volcan de la montagne Pelée »*. Entre autres conditions pour être effectué, un forage ne doit pas être dangereux pour l'environnement. Un an après la fin de la campagne, les carottes récoltées sont mises à disposition de la communauté scientifique internationale.

herbivores et de mollusques devra très certainement être privilégiée.

L'enjeu économique et politique de la pêche est plus global, car il reflète également les relations qu'entretiennent les pays du Nord avec ceux du Sud. Le Nord importe 70 % des poissons des pays en développement. Et, alors qu'en Europe la pêche tend à diminuer, elle explose en Asie. Pour retrouver une abondance de poisson correcte, *« il faut laisser la nature respirer »*, indique Philippe Cury, mais il ajoute que *« la mondialisation de la pêche a entraîné la pauvreté des pêcheurs. Il faut utiliser les subventions pour qu'ils pêchent moins, de façon plus ciblée et laissent les stocks se renouveler »*. Cette pêche plus sélective permettrait d'enrayer la disparition des espèces marines et réclamerait l'abandon des grands chaluts qui ramassent tout, sans distinction. Cette politique d'accompagnement et de quotas a déjà porté ses fruits pour la protection du thon rouge, dont la population a commencé à se reconstituer en Méditerranée quelques années après la mise en place de ces quotas en 2007. En 2014, ils ont même été relevés pour trois ans, à la demande des pêcheurs.

La pollution n'épargne pas non plus les océans, notamment celle des trente millions de tonnes de plastiques qui y sont déversées chaque année et mettent en péril les écosystèmes. On parle désormais d'un « septième continent », une vaste étendue de déchets agglutinés découverte en 1997 et pouvant atteindre jusqu'à 30 mètres de profondeur. Si elle porte le nom de continent, cette pollution est en réalité plus insidieuse car elle se compose de milliards de fragments de plastiques : des paillettes qui, ingérées par les animaux, détruisent la faune océanique et finissent également par se retrouver dans nos assiettes. Dans le même temps, un nouvel écosystème s'y développe : la plastisphère. Composés notamment de microalgues comme les diatomées, ces micro-organismes se développent sur le plastique à la dérive. Leur impact sur la chaîne alimentaire et les écosystèmes environnants est, pour l'instant, mal connu. Si cette pollution n'est pas endiguée rapidement, on estime qu'il faudrait quatre-vingt mille ans pour libérer la mer de ces déchets. D'ici une vingtaine d'années, ce continent pourrait même atteindre la taille de l'Europe. Et cette pollution d'origine anthropique se retrouve jusque dans les abysses, comme l'a montré une étude parue en février dans la revue *Nature Ecology & Evolution* [6].

Profiter de l'énergie des océans

L'humanité tirera-t-elle les leçons du passé afin de respecter cet océan qui lui rend tant de services ? D'autant que celui-ci lui offre encore de nouvelles perspectives, notamment dans le domaine de l'énergie. Alors que les ressources fossiles sont massivement utilisées, entraînant une pollution environnementale et un changement climatique sans aucune mesure, la transition énergétique doit s'accélérer. Or des sources d'énergie propres, comme le vent ou la force des vagues, pourraient être utilisées. Depuis la fin du XVIIIe siècle, de nombreux procédés inventifs ont été imaginés pour chercher à capter la puissance de la houle et créer ainsi de l'énergie propre. *« Même l'écrivain Victor Hugo mentionne ces procédés dans l'un de ces ouvrages »*, nous raconte Aurélien Barbarit, ingénieur de recherche spécialisé dans l'énergie des vagues au Laboratoire de recherche en hydrodynamique, énergétique et environnement atmosphérique (LHEEA) [7], à Nantes. Cette forme d'énergie marine a, comme la plupart des énergies renouvelables, pris son essor dans les années 1970 : *« C'est à ce moment qu'ont sérieusement commencé les expérimentations en mer et en bassin »*, précise le chercheur. Aujourd'hui, des milliers de brevets ont été déposés. Il existe de nombreux procédés pour capter l'énergie mécanique des vagues et la transformer en électricité. Par exemple, des flotteurs sont déployés et mis en mouvement par la houle, ou bien un flotteur ouvert est mis en contact avec la mer

[6] « Bioaccumulation of persistent organic pollutants in the deepest ocean fauna », Alan J. Jamieson *et al.*, *Nature Ecology & Evolution 1*, 0051, février 2017.

[7] Unité CNRS/École centrale de Nantes.

et laisse l'eau entrer dans une chambre interne. L'air présent à l'intérieur va alors se détendre ou se comprimer, en fonction de la force des vagues, créant un flux d'air alternatif. *« C'est le principe de la colonne d'eau oscillante »*, indique Aurélien Barbarit. Mais il en existe encore bien d'autres.

Une solution à la pénurie de métaux?

Les énergies renouvelables marines – comme l'usine marémotrice sur la Rance ou l'éolien – utilisent le courant, la marée, la salinité ou le vent. *« Mais toutes ont une maturité technique et des coûts très différents »*, rappelle le chercheur. Pour l'instant, l'énergie de la houle n'est que peu développée au niveau industriel. *« Ces trois dernières années, certaines entreprises ont même fait faillite. On a vécu une crise de confiance dans l'énergie des vagues, avec une chute des investissements privés, car les performances n'étaient pas conformes aux attentes alors que les coûts augmentaient. Les vagues ont beaucoup de concurrents plus compétitifs sur le terrain des énergies renouvelables. »* L'objectif à court terme n'est donc pas de chercher à démocratiser largement cette énergie mais plutôt de la positionner sur des marchés de niches, pour alimenter des bateaux ou des plateformes isolées. En mer, l'éolien est bien plus développé et compétitif. *« Avec plus de 3000 éoliennes en mer opérationnelles dans le nord de l'Europe, l'éolien en mer est une réalité industrielle. En France, des appels à projets sont lancés pour développer des parcs en mer, posés et flottants. Éoliennes en mer, énergie thermique des mers, vagues, courants : on aura besoin de cette énergie renouvelable marine pour atteindre les objectifs de l'accord de Paris »*, estime Aurélien Barbarit. L'avenir de ces énergies semble aussi se concrétiser dans les synergies de procédés, *« comme combiner des flotteurs captant l'énergie des vagues à des éoliennes flottantes »*. Cette idée astucieuse permettrait de mutualiser ancres et câbles en mer.

Si l'océan permet d'envisager des alternatives aux énergies fossiles, certains pensent aussi à lui pour faire face à la pénurie de métaux qui s'annonce. Alors que les ressources terrestres s'épuisent, pourquoi ne pas explorer le fond des océans à la recherche de cuivre, platine

fig. Le projet Floatgen ouvre la voie de l'éolien en mers profondes avec la première éolienne flottante testée au large des côtes françaises. ©IDEOL ou cobalt ? C'est l'idée de l'exploitation des ressources minérales profondes, dont on connaît l'existence depuis les années 1980. *« Tant qu'il n'y avait pas de raréfaction des métaux, on ne s'en préoccupait pas trop »*, précise Sylvain Lamare, directeur adjoint scientifique de l'Institut écologie et environnement (Inee) du CNRS, qui a participé au rapport d'expertise scientifique collective sur l'exploitation de ces ressources [8], conduite par le CNRS et l'Ifremer. Trois ressources attirent particulièrement l'attention des industriels et des chercheurs : les encroûtements cobaltifères, les nodules polymétalliques et les sulfures hydrothermaux. Si pour l'instant aucune expérimentation réelle d'exploitation n'a été réalisée, ces ressources posent question. *« On ne sait même pas si ça fonctionne, ni quel est le rendement d'extraction des métaux pour ces substrats »*, nous explique Sylvain Lamare.

Une politique globale nécessaire

D'autant que brasser le fond des océans à la recherche de nodules, par exemple, ne semble pas sans conséquence sur les écosystèmes marins. Pour les exploiter, il faut récolter sur le plancher océanique nodules et sédiments, sur des profondeurs de plusieurs dizaines de centimètres. Résultat : toute la faune est détruite, sans distinction. Les questionnements sont les mêmes pour les encroûtements cobaltifères, qui se trouvent sur des monts sous-marins. Là encore, pour être exploitée, la roche doit être décapée, *« on extermine tout le biotope présent dessus, c'est une perturbation importante »*, insiste Sylvain Lamare. Jusqu'alors, aucune étude à long terme n'a été menée sur une zone test pour évaluer ces dégâts, regrette le chercheur. *« Sans réelle étude, certains gouvernements seront certainement tentés de faire jouer le principe de précaution pour préserver ces écosystèmes mal connus »*, ajoute-t-il, mais certains pays, riches en ressources, pourraient accélérer les processus d'exploitation.

Aujourd'hui, la communauté scientifique autour des océans reste très fragmentée, comme le confirme Françoise Gaill : *« Le climat et les océans drainent des sciences de tout bord. Mais, au contraire des sciences du climat, il n'existe pas encore de communauté "océans" aussi structurée. »* Pour l'avenir, des projets d'observation sont encore nécessaires, mais *« il devient de plus en plus difficile d'obtenir des crédits pour les mener à bien*, insiste Sabrina Speich. *Parfois il est plus facile de faire financer une mission sur Mars qu'une mission en mer. »*

« Il faut que l'océan devienne un vrai défi, comme l'a été l'espace à une autre époque », poursuit Françoise Gaill. Doucement, les lignes commencent à bouger depuis l'organisation de la COP21, même si l'océan ne semble toujours pas faire partie des priorités. Désormais, les politiques ne peuvent plus se contenter d'être simplement locales, que ce soit sur les coraux, la surpêche ou le réchauffement climatique. Elles doivent être globales.

Dans les mois et les années à venir, des engagements prometteurs vont se mettre en place. L'ONU a notamment intégré les océans dans l'un de ces objectifs de développement durable de l'agenda 2030 : l'ODD14. Et la COP23, organisée par les îles Fidji, devrait envoyer un signal encourageant pour la préservation des océans. Si le concept même d'océan peut paraître trop vaste ou trop abstrait pour les gouvernances, le constat est là et bien concret : *« Notre planète n'a pas de ressources infinies*, rappelle Sabrina Speich. *En altérant de manière rapide des équilibres naturels qui ont mis des millions d'années à se former, par des activités comme celles de l'homme en un siècle, la mer n'est pas capable de revenir, par ses propres processus, à un équilibre aussi rapidement. Le tout dans un monde où la croissance démographique est vertigineuse. »* Dans quelques années, les deux tiers de la planète vivront au bord de la mer. Une raison de plus pour prendre soin d'elle. ●○

[8] www.cnrs.fr/inee/recherche/docs/RAPPORTEXPERTISE_VF.pdf

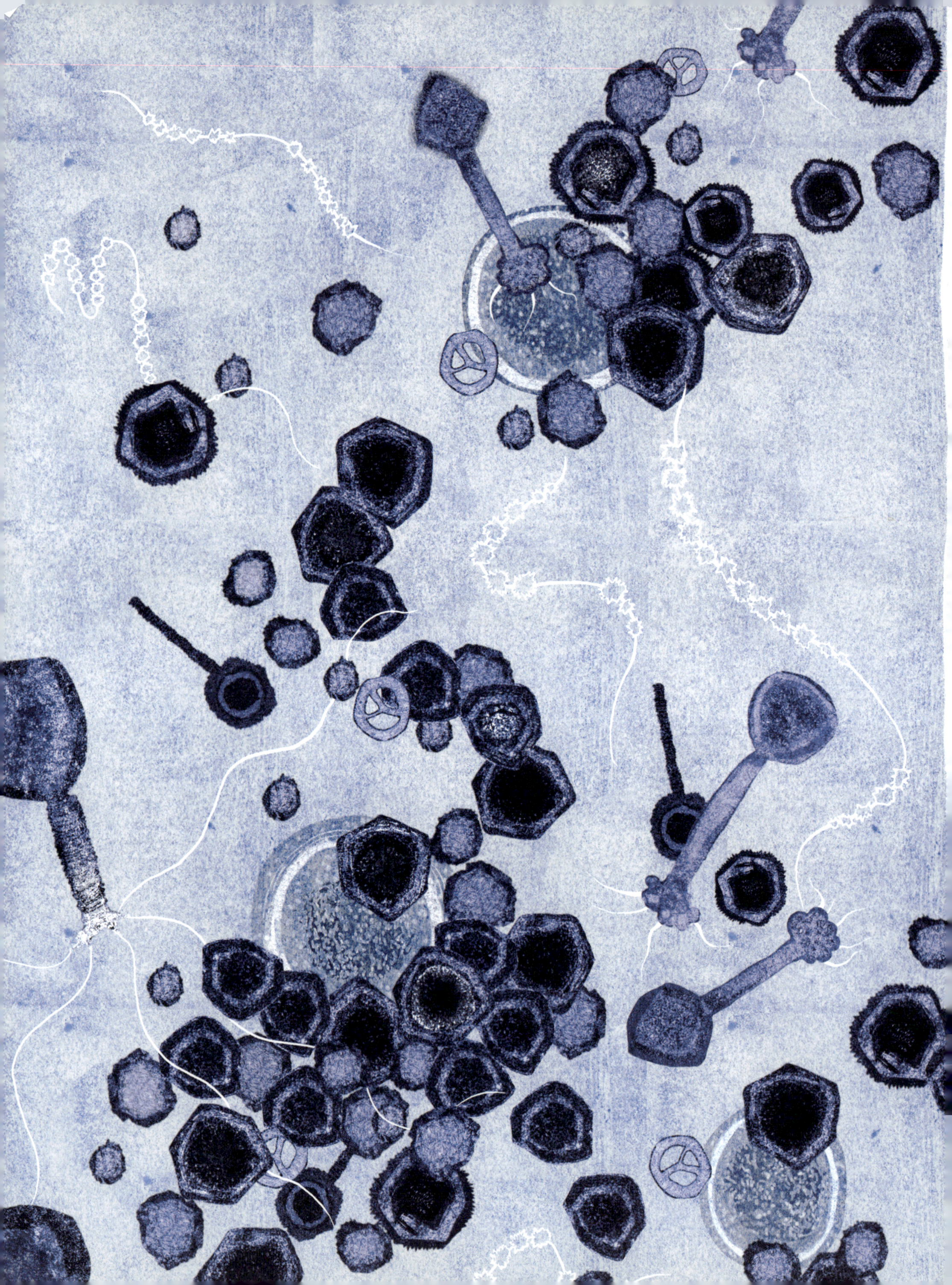

Le royaume des virus

Les chercheurs de la station biologique de Roscoff s'intéressent de très près aux virus, bien plus abondants que ce que l'on pouvait imaginer. Leur but ? Comprendre le rôle de ces organismes dans les écosystèmes marins. Enquête sur de petits parasites promis à un grand avenir.

article écrit par Nicolas Baker
lieu station biologique de Roscoff
mots-clés *Néomysis*, microalgues, parasite, sucre

Cela fait vingt-cinq ans à peine que les virus marins sont étudiés par les scientifiques. Beaucoup plus petits que les autres organismes vivants, ils sont passés inaperçus pendant de nombreuses années. *« Mais le jour où l'on s'est rendu compte qu'ils étaient dix fois plus abondants que les bactéries dans l'océan* – chaque millilitre d'eau de surface peut contenir des millions de virus –, *on s'est questionné sur le rôle qu'ils pouvaient jouer dans l'environnement »*, raconte Anne-Claire Baudoux, à bord du *Néomysis*, un bateau scientifique de 12 mètres. Ce jour-là, malgré la houle et la pluie qui s'abat sur le navire, l'équipe scientifique se prépare à faire un prélèvement. Une dizaine de personnes en cirés de marin s'agitent sur le pont. Par un système de câbles, la bouteille Niskin est mise à l'eau et descend à un mètre sous la surface. Ce cylindre de PVC gris cher aux océanologues a une ouverture actionnable à distance qui permet de prélever à des profondeurs bien déterminées. *« Cette eau sert pour faire des analyses physico-chimiques et étudier les microalgues et les populations de virus »*, explique Fabienne Rigaut-Jalabert en haussant le ton pour que sa voix couvre le ronronnement du moteur et le clapotis des gouttes sur les imperméables. Elle fait partie d'une des équipes scientifiques de la station biologique de Roscoff [1] qui prélèvent de l'eau de mer au large de la Bretagne deux fois par mois. Anne-Claire Baudoux, à ses côtés sur le bateau, s'intéresse plus particulièrement aux virus marins et à leurs interactions avec les microalgues, plus communément appelées phytoplancton.

(...) Réservoir de diversité génétique encore inconnue, les virus sont susceptibles de produire des molécules utiles aux humains...

Relativement méconnus, ces petits parasites sont pourtant primordiaux dans l'écosystème océanique. Tous les jours, les virus infectent et tuent jusqu'à 40 % du stock de bactéries dans les océans ! Ce bouillonnement de vie et de mort se retrouve également dans les interactions entre virus et microalgues. Ce fut d'ailleurs le thème de la thèse d'Anne-Claire Baudoux au début des années 2000.

Tueurs de phytoplancton

« On s'est rendu compte que ces virus pouvaient créer autant, voire plus de mortalité que le micro-zooplancton, les fameux brouteurs qui se nourrissent d'algues et premiers prédateurs supposés dans l'environnement marin. » Cette destruction massive de phytoplancton par les virus fait l'effet d'une bombe dans la communauté scientifique. Car malgré leur taille micro, la place de ces petites algues dans la biosphère est indéniablement macro. *« Non seulement le phytoplancton est à la base de la chaîne alimentaire »*, appuie Anne-Claire Baudoux, *« mais il produit également la moitié de l'oxygène que l'on trouve sur Terre ! C'est la forêt invisible de la planète. »*

Les précieux échantillons de mer remontés sur le bateau sont répartis dans plusieurs bouteilles selon les analyses prévues par la suite : étude de la chimie des eaux, du phytoplancton ou bien des virus. Une fois à terre et débarrassées de leurs cirés, Anne-Claire Baudoux et Laure Arsenieff, doctorante, portent leurs glacières d'échantillons au laboratoire. *« Là, on va filtrer l'eau afin de récupérer tous les virus, puis on les mettra directement en contact avec différents types d'hôtes »*, explique la doctorante en posant la glacière sur la paillasse. Ces petits parasites sont obligés, pour se reproduire, d'exploiter des organismes hôtes bien vivants. Lors d'une infection, le virus injecte son matériel génétique dans la cellule hôte. Ces séquences d'ADN ou d'ARN vont détourner la machinerie cellulaire qui va alors devenir une fabrique de virus, souvent jusqu'à éclatement de la cellule. C'est d'ailleurs

[1] Unité CNRS/Université Pierre et Marie Curie.

ainsi que les biologistes cultivent les virus afin de pouvoir les étudier. Les couples virus/microalgues étant extrêmement spécifiques, lorsque l'on se trouve face à un virus non identifié, il faut le tester sur de nombreuses souches de phytoplancton.

Une immense collection d'algues

Anne-Claire Baudoux s'installe au microscope. Elle contrôle les flasques de phytoplancton qui serviront d'hôtes potentiels. *« Je dois vérifier que les algues sont en pleine croissance. Il faut un hôte en forme pour qu'un virus se reproduise et se multiplie efficacement. »* Chaque fiole contient une algue spécifique. Face aux millions de souches virales encore inconnues, il faut donc disposer d'une vaste collection d'algues afin de trouver la bonne paire. Nous sommes au bon endroit : la station biologique de Roscoff détient une des premières collections d'algues au monde avec environ quatre mille souches conservées. Après une semaine d'incubation, la combinaison gagnante virus+hôte se voit à l'œil nu. Le flacon dans lequel le virus s'est développé a perdu sa couleur car les cellules végétales ont éclaté.

Une fois que son hôte est identifié, le virus est observé grâce à un microscope électronique à transmission. Son génome est également séquencé. Depuis plusieurs années, des échantillons d'eau des mers du globe s'étudient selon une approche dite de métagénomique. La technique, puissante, permet de constituer une base de données gigantesque qui compile des séquences de millions d'organismes différents du même échantillon, mais sans forcément pouvoir identifier leurs propriétaires. Les génomes isolés par les équipes de Roscoff permettent alors de mettre de l'ordre dans ces bases de données qui, en contrepartie, apportent un éclairage supplémentaire sur ce virus. *« On regarde si notre séquence est présente ou pas dans les échantillons collectés partout dans les océans. Cela nous permet de cartographier la distribution de notre virus. C'est un peu comme si on*

fig. Cultures de microalgues à la station biologique de Roscoff, en mai 2012. Ces échantillons font partie de la Roscoff culture collection (RCC), qui regroupe près de 4 000 souches de phytoplancton, virus et bactéries.

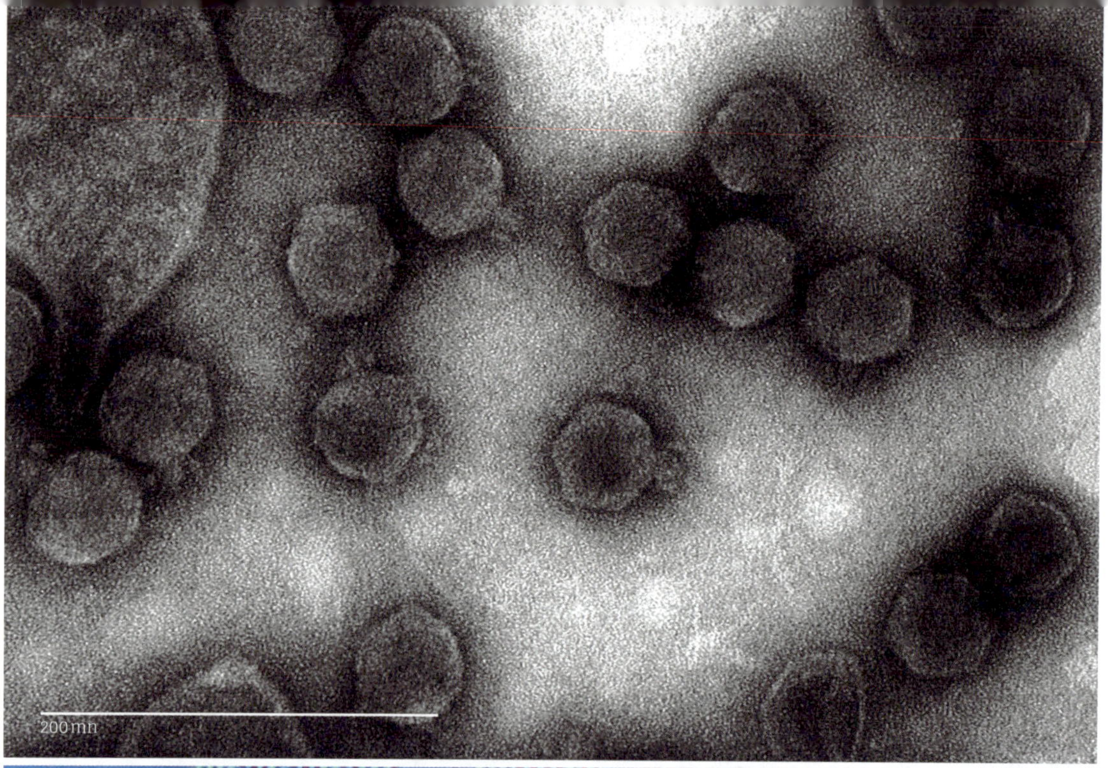

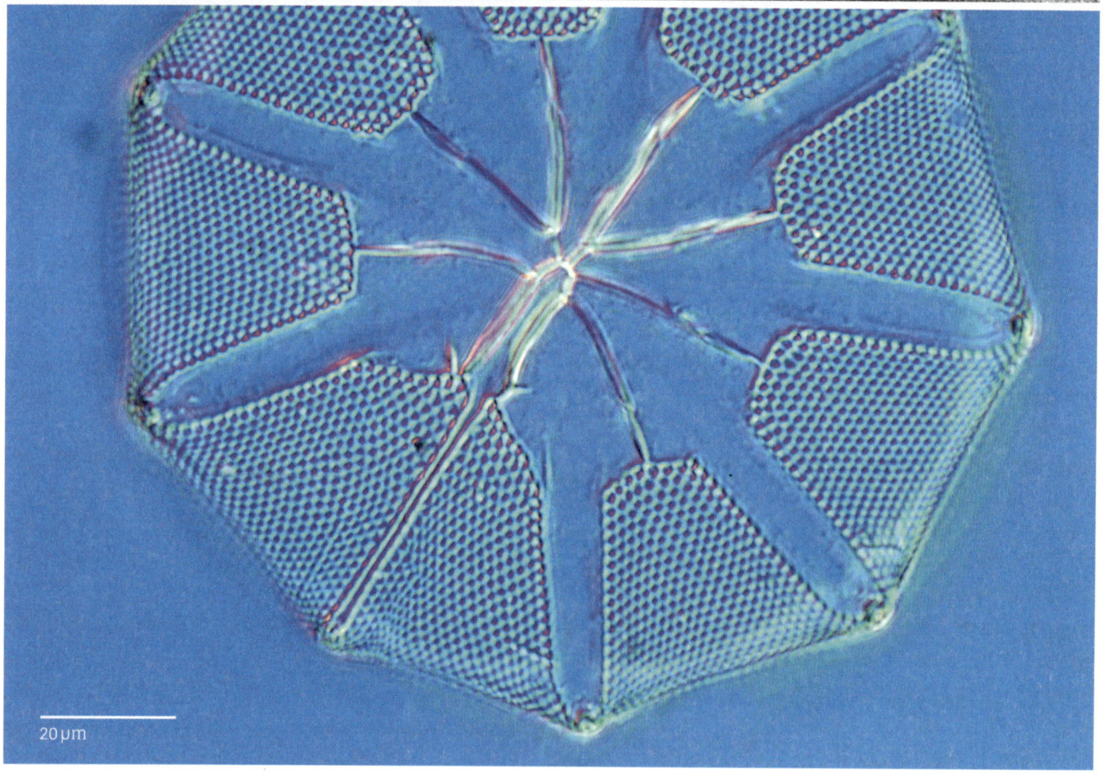

fig. haut Bactériophage de *Vibrio alginolyticus*.

fig. bas Diatomée *Asteromphalus*, récoltée dans la mer d'Amundsen (océan Austral), en Antarctique. Les diatomées font partie du phytoplancton.

allait à la pêche », précise la chercheuse en souriant. En détruisant les cellules bactériennes ou de phytoplancton, les virus enrichissent le milieu en matière organique dissoute. Or, le carbone présent dans cette matière organique dissoute provient du CO_2 atmosphérique capté par les microalgues. Le devenir de cette matière conditionne directement la capacité des océans à capturer le CO_2 atmosphérique, et donc le climat de notre planète. *« Les virus de phytoplancton et bactéries sont responsables d'un plus gros flux de carbone dans nos océans, et donc il faut qu'on puisse mieux comprendre l'activité de ces virus pour pouvoir ensuite les inclure dans les futurs modèles de prédictions climatiques. »*

De grandes découvertes à venir

Considérés comme le plus grand réservoir de diversité génétique encore inconnue de la planète, les virus sont susceptibles de produire autant de nouvelles molécules potentiellement utiles aux humains. Claire Geslin, du Laboratoire de microbiologie des environnements extrêmes [2] à Brest, travaille sur des virus qui vivent autour des sources hydrothermales au fond des océans. *« Notre laboratoire a été approché par un industriel pour identifier des enzymes virales, les ADN polymérases, qui peuvent fonctionner à haute température. »* Cette enzyme permettrait d'améliorer certains procédés biotechnologiques. L'équipe d'Anne-Claire Baudoux étudie, quant à elle, des enzymes virales qui dégradent des sucres présents à la surface des algues ou bactéries [3]. C'est ainsi que les virus arrivent à pénétrer les cellules. *« Ces sucres ou polysaccharides des bactéries et du phytoplancton constituent l'une des composantes principales de la matière organique dissoute dans l'océan. L'océan est salé, mais il est en fait surtout constitué de sucre. Et ces sucres servent de ressource alimentaire pour les bactéries. Si les virus sont capables de dégrader ces polysaccharides, cela peut avoir un impact sur les interactions microbiennes. »*

À l'image de sa collection de phytoplancton, la station biologique de Roscoff a mis en place la première collection de virus marins au monde qui ne cesse de croître. Anne-Claire Baudoux, qui a consacré le début de sa carrière à l'étude des virus marins, n'envisage pas de changer de thème de recherche : *« Il y a de quoi faire pour les vingt prochaines années ! »* ●○

[2] Unité CNRS/Ifremer/Université de Bretagne Occidentale.

[3] Projets de recherche récemment financés par le CNRS (Nova) et l'Agence nationale de la recherche (CALYpSO).

Téthys II, vigie de la Méditerranée

Carnets de science a embarqué sur le _Téthys II_, avec les chercheurs du Laboratoire d'océanographie de Villefranche-sur-Mer [1], l'un des plus vieux laboratoires d'observation de l'océan. Chaque mois, les scientifiques des programmes Boussole et Dyfamed vont recueillir en mer les données indispensables à la science.

article écrit par Laure Cailloce
mots-clés *Téthys II*, prélèvements, bouées, rosette CTD, phytoplancton, Méditerranée

Le navire océanographique *Téthys II* vient tout juste de sortir de la baie de Nice. Malgré l'alerte orange lancée la veille par Météo France sur le Sud-Est, la météo est au bleu et au doux en ce mercredi de septembre, et nous ne sommes pas les seuls à en profiter. À une cinquantaine de mètres du bateau, un cachalot vient lui aussi se dorer la pilule à la surface : on aperçoit son puissant jet caractéristique, et la bosse de son dos qui émerge et replonge avec régularité. « *Nous sommes dans le triangle de Pelagos, une zone particulièrement riche en faune marine*, indique l'un des plongeurs embarqués pour l'expédition. *Ici, il n'est pas rare de croiser des dauphins, des globicéphales, mais aussi des tortues et même des rorquals communs, le deuxième plus gros mammifère marin après la baleine bleue…* »

Ce n'est pourtant pas l'étude de la faune marine qui nous a amenés jusque-là. À pied d'œuvre dès l'aube, les scientifiques du projet Moose pour le suivi des masses d'eau en Méditerranée nord-occidentale ont embarqué et, avec eux, l'équivalent d'une camionnette pleine de matériel : rosette CTD *(Conductivity-Temperature-Depth)* [2] pour les prélèvements d'eau de mer, valises d'échantillons, laboratoire de filtration de l'eau, filet à plancton… et un tas d'appareils sophistiqués tels que fluorimètre, transmissiomètre, spectrophotomètre… Au total, plusieurs centaines de milliers d'euros de matériel s'entassent dans les laboratoires du *Téthys* et sur le pont arrière.

Avec le progrès technologique et la miniaturisation des appareils, les mouillages instrumentés se multiplient en mer. Au large de Nice, deux bouées, Dyfamed et Boussole, enregistrent ainsi en continu des données liées à la physique de l'océan : température et salinité à plusieurs profondeurs, puissance des courants pour Dyfamed ; propriétés optiques de l'eau pour Boussole. Mais certains paramètres biologiques et biochimiques, cruciaux pour évaluer la santé des océans, échappent à ces mesures en autonomie. Seule façon de les obtenir : prélever des échantillons d'eau de mer qui seront ensuite analysés en laboratoire. *« On prévoit trois jours par mois, été comme hiver, pour les manips en mer, la récupération des données et la maintenance sur les bouées,* raconte Émilie Diamond-Riquier, ingénieure d'études au Laboratoire d'océanographie de Villefranche-sur-Mer, cité voisine de Nice. *C'est parfois moins si le mauvais temps s'en mêle. »*

Des opérations de maintenance acrobatiques

Sur le papier, c'est la mission Dyfamed qui est au programme de cette première journée. Mais la forte houle annoncée pour le lendemain a poussé l'équipe de Boussole à jouer la prudence et à se joindre à l'expédition. *« Le feu qui signale la présence de la bouée ne marche plus et il faut remplacer les batteries de la balise d'urgence Argos qui sert à repérer la bouée en cas de rupture du mouillage,* indique Melek Golbol, chargée des opérations Boussole. *Surtout, il est indispensable de plonger pour nettoyer les capteurs optiques installés sur la bouée avant qu'ils ne soient colonisés par la vie marine. »* Pendant que les scientifiques de Dyfamed branchent les ordinateurs reliés à la rosette CTD et vérifient un à un les clapets des douze bouteilles destinées à prélever l'eau de mer, le navire fait route vers le site d'étude, à 32 milles marins des côtes (60 kilomètres) – soit trois heures de navigation environ. Le site choisi pour implanter les bouées Dyfamed et Boussole (les deux bouées sont distantes de 3 milles marins à peine) ne l'a pas été au hasard : situé à la confluence de plusieurs courants, il subit à la fois les influences de la Méditerranée orientale, qui lui envoie ses eaux chaudes et salées (les eaux levantines), et les apports de l'océan Atlantique par l'ouest.

Un drôle de mât rouge se dresse soudain à l'horizon. *« C'est la partie émergée de Boussole,* annonce Melek Golbol avec fierté. *Le reste du mouillage – son flotteur, ses quatre bras qui portent les capteurs optiques – se trouve sous la surface. »* Sur le pont arrière du *Téthys,* c'est le branle-bas de combat. Les marins préparent la mise à l'eau du canot pneumatique, les scientifiques finissent de fixer les vis sur le nouveau feu, tandis que les plongeurs enfilent leur combinaison et recensent le matériel… De curieux colliers ornés de brosses à dents et d'éponges de cuisine attirent notre attention. *« On n'a pas trouvé mieux pour nettoyer les parois des capteurs »,* rigolent les hommes en bleu. Comme quoi, la science, même au plus haut niveau de technologie, reste affaire de débrouillardise… Dix minutes plus tard, le canot pneumatique est arrimé à la bouée et la jeune femme s'installe au sommet du mât dans un équilibre instable. Elle y restera près d'une heure ! En plus des réparations prévues, elle doit télécharger l'ensemble des données acquises par la bouée en un mois – à raison d'un enregistrement toutes les quinze minutes.

Revenus à bord, les trois plongeurs s'émerveillent, jamais blasés de leurs incursions dans le milieu marin : *« Deux thons faisaient des ronds autour de nous ! »* C'est que les bouées instrumentées créent tout un écosystème autour d'elles : les algues qui se fixent sur les flotteurs, les chaînes et les instruments attirent de petits poissons, lesquels attirent de plus gros poissons, et ainsi de suite. L'équipage du *Téthys* confirme : *« Tous les week-ends, des plaisanciers pêchent près des bouées ! »* Les sept marins connaissent le coin comme leur poche : ils passent la moitié de l'année en Méditerranée, par périodes de

[1] Unité CNRS/Université Pierre et Marie Curie.

[2] Une rosette CTD intègre des capteurs de salinité, température et profondeur, les paramètres de base de toute étude de l'océan.

trois semaines. L'autre moitié du temps, c'est un second équipage qui prend la relève et accompagne les missions scientifiques.

Prélèvements dans toute la colonne d'eau

Retour sur le pont arrière du *Téthys*, le point névralgique de ce bateau de 25 mètres conçu comme un gros chalutier, avec ses deux grands treuils et son portique reconnaissable. Reliée au navire par un câble électroporteur, la rosette CTD est amenée doucement au-dessus de l'eau puis descendue lentement jusqu'au fond de la mer – à près de 2 400 mètres de profondeur. Dans la cabine de pilotage, les scientifiques ne quittent pas des yeux les données qui s'affichent en direct sur leur ordinateur. *« Grâce aux capteurs CTD fixés sur la rosette, mais aussi grâce au fluorimètre qui détecte la chlorophylle présente dans le phytoplancton, on peut déterminer les profondeurs auxquelles fermer les bouteilles*, explique Émilie Diamond-Riquier. *Celle qui correspond au pic de chlorophylle et celle où la salinité est la plus importante nous intéressent tout particulièrement. »* Le câble se déroule avec régularité, quand l'ingénieure interpelle soudain l'officier aux commandes du treuil : *« Attention, on approche du fond ! »* Pour être bien sûrs de ne pas abîmer les instruments, fragiles et coûteux, on s'arrêtera à 10 mètres du plancher océanique ce jour-là.

Les prélèvements sont terminés. La rosette est remontée sur le pont, et c'est alors un vrai marathon qui commence. Il faut remplir des dizaines de fioles et de tubes à essai pour les futures analyses. *« On fait l'oxygène et le CO_2 en priorité, avant que les bouteilles ne soient contaminées par l'atmosphère extérieure »*, glisse en hâte Émilie Diamond-Riquier. Dans les flacons, des « poisons » sont versés pour tuer la vie microbienne et bloquer toute production d'oxygène et de carbone, des réactifs sont ajoutés pour précipiter les gaz sous forme de dépôt solide. Les flacons sont ensuite hermétiquement fermés et replacés dans les valisettes. Le reste des analyses

fig. Le radiomètre de surface, fixé à la proue du *Téthys*, permet de mesurer la quantité de lumière apportée par le soleil. © L. Cailloce

sera effectué dès le lendemain, au laboratoire de Villefranche. *« Dyfamed est la plus longue série de données océanographiques hauturières jamais réalisées en Méditerranée et l'une des cinq séries les plus longues au monde »*, précise l'ingénieure. Depuis l'installation du mouillage en 1988, le programme a donné lieu à près de 220 publications et a été le témoin direct du réchauffement de la Méditerranée : +0,1 °C enregistré au fond de la mer, +1 °C dans les eaux de surface.

Calibrer les satellites « couleur de l'océan »

Lever à l'aube le lendemain, jeudi. Malgré un ciel clair, les scientifiques de Boussole décident de ne pas prendre la mer. Les prévisions météo annoncent une houle de 1,80 mètre au large – pas de quoi effrayer les marins, mais un vrai risque pour la mise à l'eau des instruments. Rendez-vous est donc pris pour le jour suivant, en croisant les doigts pour que la mer s'apaise.

Vendredi, 7 heures du matin. L'équipe est déjà sur le quai : c'est la journée ou jamais pour réaliser les dernières manipulations prévues ce mois-ci. Au programme de cette nouvelle sortie, des prélèvements d'eau de mer – encore ! – et la réalisation d'une série de profils optiques. *« Ces profils, c'est la manipulation-phare du programme Boussole car ils aident à calibrer les satellites qui observent la couleur des océans »*, nous explique Melek Golbol, tout en fixant son radiomètre de surface à l'avant du bateau. Avec les radiomètres sous-marins et les instruments optiques fixés sous la rosette CTD, il permettra de mesurer les propriétés optiques de l'eau de mer, qui lui donnent sa couleur unique : propriétés optiques apparentes, liées à l'éclairement du soleil, et propriétés optiques inhérentes, directement conditionnées par la nature du milieu (micro-organismes, particules en suspension, etc.).

Depuis la fin des années 1970, caractériser la couleur des océans depuis l'espace renseigne sur la quantité de phytoplancton et sur sa répartition dans les mers de la planète. Une information

fig. Les douze bouteilles de la rosette sont remplies à toutes les profondeurs, depuis la surface jusqu'au fond de la mer. ©L.Cailloce précieuse pour la recherche : ces algues microscopiques sont en effet à la base de la chaîne alimentaire dans l'océan et produisent accessoirement 50 % de l'oxygène que nous respirons ! Mais l'observation par satellite présente un gros inconvénient : seul 10 % du signal capté provient réellement des océans, les 90 % restants étant renvoyés par l'atmosphère. C'est la raison pour laquelle il est essentiel d'y adjoindre des mesures optiques en mer, afin d'affiner les données fournies par les satellites. *« Avec la bouée américaine Moby, située à Hawaii, Boussole est la seule bouée à pouvoir effectuer ces calibrations dans le monde »*, précise Melek Golbol. La conception unique de ce mouillage mis en service en 2003 fait la fierté du laboratoire de Villefranche-sur-Mer : pour ne pas faire de l'ombre aux capteurs optiques fixés aux extrémités de ses quatre bras horizontaux, à 4 mètres et à 9 mètres de profondeur, son gros flotteur sphérique est en effet situé à 20 mètres sous la surface et solidement arrimé par un câble au fond de l'océan.

Pendant que nous parlons, le *Téthys* est enfin arrivé sur site. On doit faire vite car de gros nuages noirs s'amoncellent à l'horizon. *« Pour avoir des données optiques optimales, il ne faut pas trop de vent, pas de nuages, pas de moutons sur la mer... Bref, rien qui puisse faire varier la luminosité »*, explique l'ingénieure, tout en dirigeant les opérations. Fixés l'un contre l'autre, l'un pour mesurer la lumière descendante, l'autre pour mesurer la lumière ascendante, les deux radiomètres sous-marins sont mis à l'eau, tandis que les marins laissent lentement filer le câble. Melek Golbol, elle, a les yeux rivés sur son ordinateur. À 57 mètres de profondeur, elle décide d'interrompre les mesures : les nuages sont au-dessus de nos têtes. *« Stratocumulus »*, note la scientifique sur sa fiche de mission, qui nous explique : *« Généralement, on descend à 100 mètres et on fait une série de trois profils, qu'on complète avec les données fournies par la cage optique fixée sur la rosette CTD. »*

Il est temps de passer aux dernières manipulations du jour : les prélèvements d'eau de mer et leur filtration grâce à des tamis extrêmement fins – 0,7 micron à peine. De retour à Villefranche, les scientifiques pourront mesurer les quantités de chlorophylle et des autres pigments phytoplanctoniques dans les échantillons et en déduire les principaux groupes de phytoplancton présents à chaque profondeur – chaque espèce possède en effet une signature pigmentaire bien particulière. Grâce à l'ensemble des données recueillies en mer et depuis l'espace, il est ainsi possible de savoir quels grands groupes de plancton sont présents à chaque endroit de la planète, et en quelle quantité. Une forte concentration en coccolithophores, ces algues unicellulaires entourées d'une « coquille » de calcaire, donnera par exemple à l'eau cette couleur bleu lagon typique, visible sur certaines photos satellitaires.

Retour au port, entre yatchs et *Belem*

Une chose est sûre, le bleu lagon n'est pas à l'ordre du jour lorsque nous rentrons dans la baie de Nice. Le temps s'est couvert. Le *Téthys* s'amarre sagement derrière un immense yacht noir. Sur le pont de celui-ci, un monsieur bien mis regarde avec un rien d'étonnement le chalutier sans élégance. *« On a de la chance d'avoir de la place ce soir »*, se félicite Joël Perrot, le capitaine du bateau. Contrairement aux dizaines de luxueuses embarcations qui s'alignent dans le port, le *Téthys* ne paie pas son emplacement et se trouve contraint de mouiller dans la rade de Villefranche-sur-Mer quand tous les anneaux sont pris. Clou du spectacle ce soir-là : le trois-mâts historique le *Belem*, venu à Nice pour les Journées du patrimoine, est aussi de la partie. *« J'y ai navigué*, raconte Philippe Boisnard, le chef mécanicien. *Foutue corvée que de grimper dans la mâture ! »* Il est 19 heures. Alors que les marins passent à table dans le carré, les scientifiques enlèvent les dernières caisses de matériel du bord et quittent le *Téthys*... jusqu'au mois prochain. ●○

Les mers ont des oreilles

Bateaux, hélicoptères, forages, sonars, éoliennes... les bruits d'origine humaine ont un impact préoccupant sur les animaux marins. Les chercheurs essaient d'en savoir plus sur cette pollution sonore et ses effets sur la faune.

article écrit par Daphnée Leportois
mots-clés faune marine, pollution, ondes, réglementation

Vivre dans une maison avec fenêtres simple vitrage donnant sur une autoroute, ça ne vous tente pas? Si protéger les habitants du trafic routier semble une évidence, le problème se pose aussi en mer, où les riverains ne sont autres que les animaux marins, de la baleine au calmar. La question du bruit anthropique, c'est-à-dire d'origine humaine, y est ainsi de plus en plus prégnante, notamment parce que la flotte des cargos, de fret et de croisière double tous les trois-quatre ans, comme le signale Hervé Glotin, spécialiste en bioacoustique et chercheur au Laboratoire des sciences de l'information et des systèmes (LSIS) [1], en Méditerranée. Qui n'a pas déjà expérimenté le bourdonnement assourdissant de ces gros bateaux? Or ce raffut s'entend non seulement dans l'air, mais encore plus sous l'eau, du fait des lois acoustiques puisque le son se propage plus vite dans l'eau que dans l'air et se répercute sur le fond et la surface.

Une pollution acoustique en forte hausse

Le crescendo de la pollution acoustique ne dépend pas seulement de la fréquentation des mers en hausse, mais aussi de l'augmentation de la vitesse des bateaux. *« Un gros bateau qui va lentement est moins bruyant qu'un Jet-Ski rapide »*, explique Hervé Glotin, qui analyse les sons produits par les cétacés et leurs comportements en fonction des bruits anthropiques.

Les paquebots ne sont donc pas les seuls responsables de ces nuisances. Les moteurs des petits véhicules de loisirs nautiques y participent aussi, tout comme les exercices militaires utilisant des sonars, les forages, les explorations sismiques usant de canons acoustiques en vue d'exploitations pétrolières, les sites d'extraction offshore ou encore les énergies marines renouvelables, qu'il s'agisse du bruit des pales dans les fermes d'éoliennes ou du pilonnage nécessaire à leur installation dans le sous-sol marin.

« Les océans deviennent des sujets de gestion, que l'on évoque le plastique ou l'acidification. La question du bruit marin a émergé progressivement et le problème est bien plus grave que ce que l'on soupçonnait au départ », appuie Hervé Dumez, directeur de l'Institut interdisciplinaire de l'innovation (i3) [2] et du Centre de recherche en gestion (CRG) [3].

Le problème est que ces bruits sont une source de stress déroutante pour la faune marine. Par exemple, dans les eaux méditerranéennes entre Marseille et Le Lavandou, vivent une vingtaine de *Tursiops truncatus*, ces grands dauphins qui demeurent dans des eaux peu profondes, près des côtes donc. Leur population est menacée par l'activité touristique côtière : on les observe de moins en moins à proximité des grandes villes. Une enquête menée par une étudiante d'Isabelle Charrier, chercheuse spécialiste des pinnipèdes à l'Institut des neurosciences Paris-Saclay [4], qui visait à observer les variations de comportement des otaries à fourrure en Australie en fonction du play-back de bruits de bateau, a montré qu'à forte amplitude, leur vigilance augmentait à tel point qu'elle empêchait toute action parallèle, comme celle d'allaiter ses petits.

De nombreux accidents de cétacés liés au bruit

Le stress induit par les nuisances acoustiques peut entraîner la mort de certains animaux, de manière plus directe. Il provoque notamment des accidents de plongée, par exemple chez les baleines à bec : très sensibles aux bruits des sonars militaires ou des prospecteurs miniers, ces cétacés vont fuir à la surface sans faire de paliers de décompression, ce qui provoque une embolie létale. Or ces mammifères sont *« des professionnels de la plongée »*, précise Isabelle Charrier, et ils ne sont pas coutumiers de tels accidents en dehors de toute intervention sonore humaine. *« Le passage de bateaux, ou même d'un hélicoptère ou d'un avion à basse altitude, déclenche aussi parfois, au sein des rassemblements de morses sur terre ou sur des blocs de glace, un mouvement de foule, comme chez les humains. Tous les individus vont fuir vers l'eau et, dans la panique, des jeunes sont complètement écrasés. Ce type de bousculade a eu lieu en Alaska, causant des centaines de morts »*, rapporte la chercheuse.

Si les larves de poisson grandissent moins vite dans les milieux bruyants, selon Hervé Glotin, l'impact de cette pollution sonore se fait sentir à l'excès chez les animaux usant de signaux acoustiques pour se déplacer et repérer leurs proies, comme c'est le cas des odontocètes, les cétacés à dents. Rares sont les lésions internes létales, car cela suppose un contact très rapproché des animaux avec la source du bruit et une forte puissance acoustique. Mais certaines agressions sonores portent atteinte à leur système auditif. Conséquence de ces blessures : les animaux s'échouent ou percutent des bateaux, parce qu'ils analysent mal le milieu dans lequel ils se déplacent, ou ils sont en malnutrition car ils détectent moins bien les proies.

Chez les mysticètes, cétacés à fanons, la communication entre individus d'une même espèce peut aussi être affectée. Les bruits diminuent la distance de détection des baleines bleues, fait remarquer Hervé Glotin, et fragmentent leurs réseaux de communication. Résultat : un brassage génétique moindre et une fragilisation de l'espèce, pouvant mettre en cause sa survie. Dans le même ordre d'idée, les chants des baleines à bosse se transforment très rapidement : *« Si vous modifiez la propagation des chants par des effets anthropiques, cela pourrait isoler des individus*

[1] Unité CNRS/Aix-Marseille Université/Université de Toulon/Arts et Métiers ParisTech.
[2] Unité CNRS/Mines ParisTech/Télécom ParisTech/École polytechnique.
[3] Le CRG est une des équipes de l'i3.
[4] Unité CNRS/Université Paris-Sud.

fig. haut Un dauphin croise la route d'un sous-marin américain : une scène capturée en mai 2015 dans l'océan Atlantique. © PLANET PIX/ZUMA-REA

fig. bas Une baleine bleue près d'une plateforme pétrolière. Les animaux marins souffrent aussi du bruit. © R. Beck/AFP PHOTO *dont les productions acoustiques ne sont plus adaptées.* » Ne pas chanter pile dans le registre revient donc pour les baleines à diminuer leurs chances de reproduction.

Des dispositifs de protection insatisfaisants

L'autre problème, c'est que la solution à ces nuisances sonores n'est pas évidente. Si la France reconnaît depuis 2010 la pollution sonore comme une des formes de pollution marine, il n'existe pas de réglementation claire. Toutes les espèces ne sont pas touchées par un seul et unique bruit. Des mesures, effectuées grâce à la bouée acoustique Bombyx [5] et qui doivent être approfondies, ont permis de remarquer que les comportements des cachalots sont moins modifiés que ceux des dauphins bleus et blancs en présence de bateaux bruyants, souligne Hervé Glotin. Il ne suffit donc pas d'imposer un seuil de décibels à ne pas dépasser, notamment en réglementant les vitesses des bateaux, d'autant qu'un bateau trop silencieux peut aussi surprendre les animaux en surface. De nombreux rorquals communs ont ainsi été coupés en deux par des navires qu'ils n'avaient pas entendus : *« Le moteur est situé à l'arrière, et la proue est le point silencieux du bateau »*, précise le spécialiste en bioacoustique. Le bruit peut parfois être utilisé, à faible puissance, pour faire fuir en douceur les animaux d'une zone avant l'engagement de travaux très bruyants.

Dans le cas du pilonnage pour installer des éoliennes ou de la construction de la route du littoral sur l'île de La Réunion, la mise en place de « rideaux de bulles » a permis de faire mur aux nuisances en réduisant la propagation des ondes acoustiques, mais le fonctionnement de ces ballons d'air attachés les uns aux autres n'est optimal qu'en cas de mer calme. Un autre protocole assez simple à mettre en œuvre, le dispositif Marine Mammal Observers, est évoqué par Héloïse Berkowitz, doctorante au Centre de recherche en gestion : il consiste à surveiller la présence d'animaux aux alentours pendant les opérations. Mais l'efficacité de ce dispositif reste insatisfaisante et diminue d'autant plus quand les travaux continuent de nuit ou que les animaux sont en submersion.

« C'est du bricolage et l'approche restera probablement très pragmatique, ne serait-ce que parce que la gestion du bruit implique une pluralité de parties prenantes, plusieurs industries, des scientifiques et des pouvoirs publics. On tâtonne pour trouver le compromis entre des activités humaines nécessaires et la protection des animaux », estime Hervé Dumez, qui a organisé en septembre 2016, avec Éloïse Berkowitz, un colloque international sur le sujet. C'est pour cela qu'il est essentiel de dresser des cartes des comportements animaux, à la fois à niveau zéro de pollution acoustique (il dirige une thèse sur ce sujet sur la côte chilienne, fréquentée par 50 % des espèces de cétacés), mais aussi en fonction des bruits humains qui leur sont imposés (comme les paquebots vers l'Alaska depuis Seattle que croisent les familles d'orques). C'est seulement ainsi que les industriels pourront fournir des études d'impact réalistes et les animaux marins dormir sur leurs deux oreilles. ●○

[5] Collaboration CNRS, LSIS, Institut méditerranéen d'océanologie, Institut universitaire de France, Communauté d'agglomération Toulon Provence Méditerranée et Parc national de Port-Cros.

Les globicéphales ont-ils du nez ?

Comme toutes les espèces de dauphins, les globicéphales ont un sens acoustique très développé. Mais qu'en est-il de leurs sens du goût et de l'odorat ? Perçoivent-ils les odeurs, les saveurs ? Quels organes sont impliqués ? À bord de l'*Else*, le bateau de l'Asociación de Naturalistas del Sureste (ANSE), une équipe de chercheurs du Centre d'écologie fonctionnelle et évolutive (Cefe) est allée à la rencontre des globicéphales en mer Méditerranée, au large de Carthagène, pour tenter de répondre à ces questions.

diaporama réalisé par Audrey Diguet et Cyril Frésillon
lieu Centre d'écologie fonctionnelle et évolutive (Unité CNRS/Université de Montpellier/Université Paul Valéry/École pratique des hautes études/Institut de recherche pour le développement/Montpellier SupAgro/Institut national de la recherche agronomique)
mots-clés dauphins, éthologie, goût, olfaction, drone

1/7

Jusqu'ici, l'organisation particulière du nez (évent) des globicéphales laissait penser qu'ils avaient perdu le sens de l'olfaction au cours de leur évolution. Mais de récentes observations montrent qu'ils répondraient en fait à des stimuli chimiques. Ils auraient développé un système olfactif original par rapport aux autres mammifères.

2/7

La météo et l'état de la mer peuvent rendre les globicéphales difficilement repérables, d'autant qu'ils évoluent en eaux profondes pour trouver leur nourriture. Ils peuvent plonger en apnée plusieurs minutes, jusqu'à 1000 mètres de profondeur.

3/7

Une fois les cétacés repérés, des expériences olfactives sont menées pour observer leurs comportements en réponse à certaines odeurs, ici celle du diméthylsulfure (DMS) diffusée grâce à une bouée. Sous la planche, des caméras sous-marines et un hydrophone enregistrent leurs attitudes.

4/7

Parce qu'elle est habituellement associée à des zones riches en nourriture, cette odeur diffusée dans l'air pourrait les attirer. Elle serait perçue par les globicéphales lorsqu'ils viennent respirer à la surface, grâce à des récepteurs olfactifs situés au niveau de l'évent.

5/7

Un autre test avec de l'hydrolysat de calmar, leur nourriture favorite. L'odeur de cette poudre se diffuse à la fois dans l'eau et dans l'air. Pour la percevoir, les globicéphales utiliseraient leur sens du goût, impliquant des papilles gustatives.

6/7

Pendant les expériences, un drone survole le dispositif en stationnaire et le photographie toutes les deux secondes. Les chercheurs estimeront ainsi, dans un rayon de 500 mètres, la distance des individus par rapport à la zone de test, leur nombre, leur orientation, leurs trajectoires et leurs comportements.

7/7

Grâce aux données recueillies, les chercheurs espèrent à terme identifier des substances répulsives pour les cétacés et ainsi mieux les protéger. Ces substances permettraient par exemple de les tenir éloignés de certains endroits dangereux comme les zones de pêche, de trafic maritime intense, les ports, etc.

8/7

Cette photo a été prise par le drone. Grâce aux milliers d'images aériennes et sous-marines produites au cours de cette mission, les chercheurs vont pouvoir analyser les comportements des globicéphales en réponse aux différents stimuli testés.

Dans les secrets de la combustion

Grâce à des expériences en laboratoire et à des simulations sur ordinateur, les scientifiques tentent de percer les secrets de la combustion. Objectif : mettre au point des moteurs à la fois moins polluants et moins gourmands en énergie.

article écrit par Julien Bourdet
mots-clés moteur, chauffage, pollution, électricité, fusée, biocarburants

Elle fait rouler nos voitures, voler les avions, chauffe nos maisons, sert à produire de l'électricité et permet de fabriquer du ciment, du verre et des matériaux métalliques. Elle, c'est la combustion. Cette réaction chimique est aujourd'hui essentielle aux activités humaines puisqu'elle fournit 85 % de l'énergie primaire dans le monde. Mais la combustion soulève aussi de gros problèmes écologiques du fait de la pollution atmosphérique et des émissions de CO_2 – le principal gaz à effet de serre – qu'elle génère. Les chercheurs l'ont bien compris et ils travaillent d'arrache-pied pour percer les secrets de cette réaction. Ils entendent ainsi conduire à la mise au point de nouveaux procédés, moteurs et centrales thermiques à la fois moins polluants et moins gourmands en énergie.

Diminuer les émissions de polluants

Ces préoccupations environnementales ne datent pas d'hier. *« En trente ans, les recherches sur la combustion ont permis de diviser par mille les émissions de particules polluantes (suies, oxydes d'azote, espèces aromatiques...) des moteurs et, pour certains, de multiplier par deux leur rendement, donc de diviser par deux leurs émissions de CO_2 »*, rappelle ainsi Thierry Poinsot, de l'Institut de mécanique des fluides de Toulouse [1]. Mais, comme le souligne Sébastien Candel, du Laboratoire d'énergétique moléculaire et macroscopique, combustion (EM2C) [2], *« il reste encore beaucoup de place pour améliorer les choses »*. Preuve de cet optimisme, en Europe, les constructeurs de moteurs d'avion et d'hélicoptère se sont engagés, d'ici à 2020, à baisser de 80 % les émissions d'oxydes d'azote de leurs engins par rapport à celles de 2000. Et les avionneurs ont pour objectif de diviser par deux les émissions de CO_2 (par passager-km) de leurs aéronefs.

Comprendre la combustion en détail

Les scientifiques ne ménagent pas leurs efforts pour atteindre ces résultats. Grâce à des expériences en laboratoire, des développements théoriques et des simulations sur ordinateur, ils tentent de comprendre en détail les mécanismes contrôlant la combustion au sein des systèmes où on la déclenche : les chambres de combustion. Dans ces structures capables de résister à de fortes températures et à de hautes pressions, on fait brûler un combustible (essence, kérosène, méthane...) en le mettant en contact avec de l'air. L'énergie ainsi libérée est ensuite utilisée pour produire une force. *« Cette transformation nécessite des systèmes relativement complexes,* explique Sébastien Candel. *Dans le cas des moteurs d'avion, par exemple, ils font intervenir soufflante, compresseur et turbine pour finalement éjecter les gaz au travers d'une tuyère et propulser l'avion dans la direction opposée. Dans les moteurs automobiles, le dégagement de chaleur associé à la combustion réalise une forte surpression dans le cylindre qui se traduit par une force appliquée au piston. Le mouvement de ce dernier est transformé en rotation, ce qui permet de faire tourner les roues du véhicule. »*

L'objectif pour les concepteurs de chambres de combustion est de mettre au point des systèmes qui vont brûler de la manière la plus complète et la plus propre possible la totalité du mélange air-combustible, réduisant ainsi au minimum la quantité de polluants et de CO_2 émis dans l'atmosphère. *« Les performances de la chambre dépendent de nombreux paramètres, notamment de sa forme, du débit d'injection de l'air et du combustible, de la proportion entre les deux réactifs et du nombre d'injecteurs »,* précise Thierry Poinsot.

La simulation numérique est devenue un passage obligé pour trouver la bonne formule. Elle permet de prévoir le comportement de ces chambres, et potentiellement de réduire le coût et le temps de conception. Pour modéliser le fonctionnement d'une chambre à combustion dans son intégralité, les scientifiques doivent résoudre un jeu d'équations bien connues : celles de la mécanique des fluides – les équations de Navier-Stokes – qui décrivent l'écoulement des flammes, couplées à celles de la combustion des différentes espèces chimiques présentes. Mais l'exercice est difficile. *« La combustion est un phénomène complexe, car elle met en jeu d'un côté un écoulement turbulent dans lequel se créent en permanence et à toutes les échelles de taille des tourbillons qui réalisent le mélange, et de l'autre une cinétique chimique qui fait intervenir des milliers de réactions et plusieurs centaines d'espèces »,* note ainsi Sébastien Candel.

Heureusement, grâce aux progrès accomplis en matière de modélisation et de puissance de calcul, et au développement de codes adaptés à la simulation des grandes échelles [3], cette tâche est désormais à la portée des supercalculateurs. Les simulations effectuées en quelques semaines, alors qu'elles nécessiteraient l'équivalent de plusieurs millions d'heures de calcul sur un ordinateur de bureau, permettent aux chercheurs d'avoir accès à tout un tas de paramètres physiques (température, pression, vitesse des flammes...) ainsi qu'aux quantités de polluants émis. On peut alors évaluer à l'avance l'efficacité de l'architecture d'une nouvelle chambre et faire une prévision de son niveau de pollution.

Anticiper les instabilités

Mais ce n'est pas tout. Les simulations doivent également anticiper tout dysfonctionnement d'une chambre de combustion, comme des problèmes d'extinction ou de stabilité de la flamme,

[1] Unité CNRS/Institut national polytechnique de Toulouse/Université Toulouse 3.

[2] Unité CNRS/CentraleSupélec.

voire pire encore, ses instabilités acoustiques qui peuvent endommager la structure, et même la détruire complètement. *« De la même manière qu'en soufflant dans une trompette, on fait vibrer le tube et on produit un son, la combustion peut, dans certains cas, faire vibrer la chambre de manière extrêmement intense et la mettre en danger »*, explique Thierry Poinsot.

Ce problème est rencontré dans de nombreux systèmes, depuis les moteurs d'avion et de fusée, les turbines à gaz qui fabriquent de l'électricité, jusqu'aux chaudières à gaz des particuliers. Tout l'enjeu actuel consiste donc à prévoir ces instabilités grâce aux simulations et à trouver un moyen de s'en débarrasser avant de se lancer dans la fabrication d'un nouveau moteur ou d'une nouvelle turbine. Une tâche à laquelle s'attellent actuellement Thierry Poinsot et son équipe, au sein du projet Intecocis, en collaboration notamment avec le laboratoire EM2C.

Un autre défi de taille consiste à améliorer la prévision en matière de polluants émis par les systèmes de combustion. Car, si aujourd'hui on sait relativement bien prédire le taux de production de certaines espèces – les oxydes d'azote par exemple –, pour d'autres, en revanche, comme la suie, c'est beaucoup plus difficile.

Une batterie de tests en laboratoire

Pour répondre à ces différentes questions, les chercheurs ne s'appuient pas seulement sur les simulations numériques. Dans leurs laboratoires, ils étudient la combustion dans des dispositifs qui reproduisent de manière plus simple les conditions existant dans les chambres de combustion industrielles.

Dans ces enceintes aux parois en quartz, ils peuvent observer le déroulement d'une combustion sous toutes ses coutures. Avec des caméras rapides, ils capturent l'évolution de la flamme et des zones de réaction. Avec des lasers, ils suivent le déplacement des particules, leur vitesse et leur taille. Avec des microphones, ils enregistrent les fluctuations de pression pour caractériser

fig. Le foyer MICCA du laboratoire EM2C. La paroi externe en quartz permet d'observer la dynamique de la combustion. © EM2C

[3] Ces codes sont issus d'une large collaboration entre le Centre européen de recherche et de formation avancée en calcul scientifique (Cerfacs), IFP Énergies nouvelles et les laboratoires CNRS.

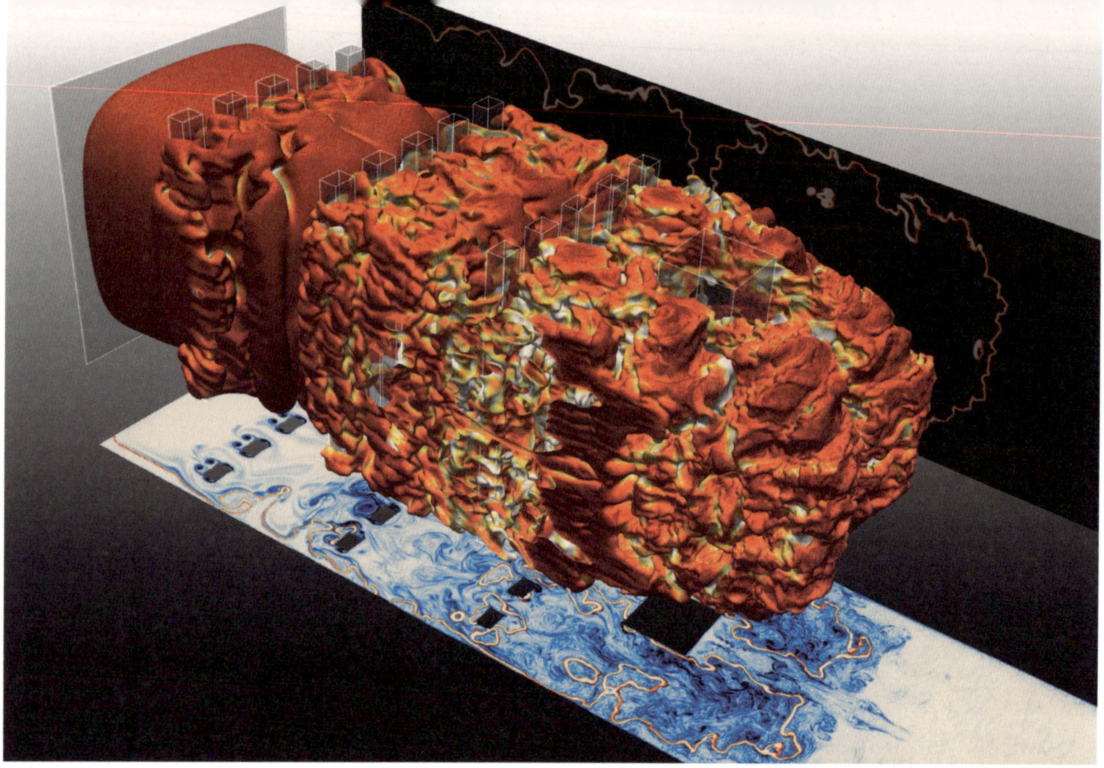

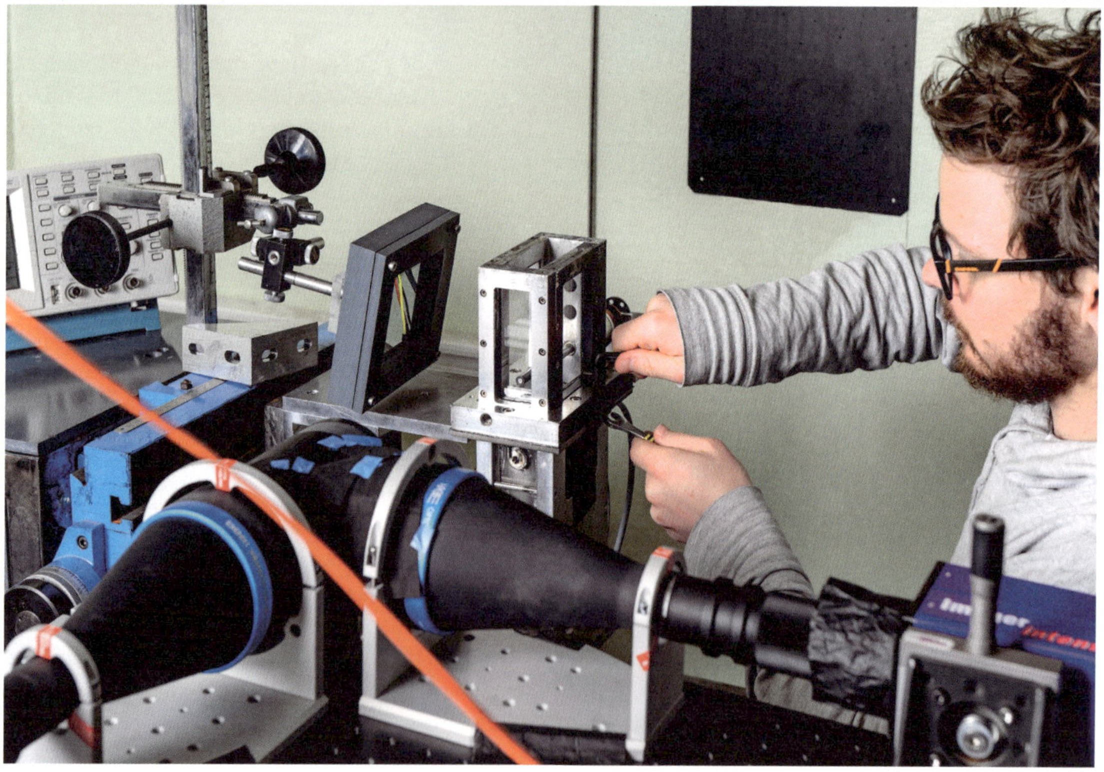

fig. haut Simulation d'une explosion dans un bâtiment. ©D. Barre/CERFACS/TOTAL/INCITE

fig. bas Le dispositif Intrig produit une « flamme laminaire prémélangée », qui permet d'analyser les flammes réelles dans les moteurs d'avion.
©C. Fresillon/IMFT/CNRS Photothèque

les zones où se développent les fameuses instabilités. Dans d'autres expériences, ils récoltent des échantillons pour caractériser les espèces chimiques créées au cours de la réaction.

Grâce à ces expériences, les scientifiques tentent alors de modéliser finement les phénomènes en jeu au cours de la combustion, et d'améliorer ainsi les prédictions fournies par les simulations numériques en matière d'allumage, d'émissions de polluants et d'instabilités.

Évaluer les biocarburants

L'enjeu est d'autant plus important que, pour faire face à l'épuisement des combustibles fossiles, du pétrole en particulier, on fait de plus en plus appel aux biocarburants, ces carburants issus de la biomasse, c'est-à-dire obtenus à partir de matière première végétale, animale ou de déchets organiques. *« Il faut faire preuve de prudence avec ces nouveaux carburants et bien évaluer les polluants émis au cours de leur combustion »*, note Philippe Dagaut, de l'Institut de combustion, aérothermique, réactivité et environnement (Icare), à Orléans.

C'est précisément cet objectif que poursuivent le chercheur et son équipe. Leurs travaux ont déjà permis de montrer que le kérosène de synthèse destiné aux avions et fabriqué grâce à la gazéification du charbon ou de la biomasse émettait moins de suies en brûlant que le kérosène ordinaire. En revanche, certains biocarburants utilisables dans nos voitures ont un impact plus négatif en matière de pollution : ils produisent plus de suies et de composés aromatiques que les carburants classiques.

Les chercheurs ont donc encore beaucoup de pain sur la planche pour faire avancer les connaissances qui permettront de concevoir les moteurs du futur, plus performants et moins polluants. Dans cette quête, les scientifiques français sont particulièrement actifs. La preuve : deux d'entre eux, Thierry Poinsot et Philippe Dagaut, viennent de se voir décerner une médaille d'or du Combustion Institute, la plus haute récompense de la discipline, que Paul Clavin, chercheur au sein de l'Institut de recherche sur les phénomènes hors équilibre (Irphe), et Sébastien Candel avaient déjà remportée, respectivement en 2014 et en 2010. La combustion n'a pas fini d'enflammer les chercheurs !

Barbara Cassin, le pouvoir des mots

Cette philosophe et helléniste, passionnée par la force du langage, a remis la sophistique au goût du jour et n'a eu de cesse de souligner la richesse qui se niche dans la diversité. Rencontre avec une chercheuse sans frontières.

portrait réalisé par Francis Lecompte
lieu domicile de la chercheuse, à Paris
mots-clés rhétorique, logologie, langage, psychanalyse, sophistique, intraduisibles

On peut la présenter comme helléniste, philologue et philosophe, directrice de recherche émérite au CNRS... avec le sentiment de rester loin de la vérité pour décrire cette intellectuelle énergique. Ces derniers mois, Barbara Cassin a endossé le costume de commissaire d'exposition et imaginé pour le Musée des civilisations de l'Europe et de la Méditerranée (MuCEM), à Marseille, l'exposition « Après Babel, traduire », tout en s'attaquant à un monumental dictionnaire sur les trois monothéismes. Ses recherches l'ont menée de Homère à Heidegger en passant par Leibniz et la psychanalyse, sans parler des nombreux programmes d'échanges culturels auxquels elle a contribué. Au moment de la rencontrer chez elle, dans son jardin d'hiver au cœur du Quartier latin, on se demande quel fil tirer pour résumer sa bibliographie, foisonnante, ses travaux et ses engagements multiples. *« C'est simple,* répond-elle. *Je me suis toujours occupée de ce que peuvent les mots. »*

Le pouvoir des mots, la petite Barbara, née à Boulogne-Billancourt deux ans après la fin de la Seconde Guerre mondiale, n'a pas attendu d'atteindre l'âge de raison pour le percevoir. Ou plus exactement la petite Laure ou la petite Sylvie, puisque ses parents lui ont donné trois prénoms, sans se douter qu'elle apprendrait très tôt à en jouer, préférant l'un ou l'autre selon ses humeurs ou ses envies. Jusqu'à ce qu'elle se fixe, à l'adolescence, sur Barbara, si proche de ce « barbare » que les Grecs utilisaient dans l'Antiquité pour désigner ceux qui ne parlaient pas leur langue. Car elle a fait son choix : elle veut se confronter à d'autres langues, un passage obligé pour multiplier les points de vue sur le monde.

Sa rencontre, au lycée, avec un professeur de grec lui a fait aimer cette langue et ses grands textes philosophiques. D'autres voies l'attiraient pourtant : le théâtre, la peinture, la poésie, la famille… Pourquoi avoir choisi la philosophie ? *« Parce que c'est le chemin qui me semblait le plus difficile »,* explique cette boulimique de travail.

Dès ses premiers travaux d'étudiante, la « méthode Cassin » se met en place. C'est par le biais du langage et du discours qu'il faut aborder la philosophie et ses questions fondamentales : que peut-on savoir de l'être et de la nature ? Pour obtenir sa maîtrise de philosophie à la Sorbonne, en 1968, elle s'intéresse aux grands débats métaphysiques qui ont agité la fin du XVIIe siècle, bouleversée à la fois par la révolution scientifique et le coup de jeune apporté par Descartes à la pensée. Mais elle choisit d'y entrer par le biais d'un échange de lettres entre le philosophe et mathématicien Leibniz et un adversaire des thèses cartésiennes, le théologien belge Antoine Arnauld : son intérêt se porte moins sur la pertinence des thèses défendues par l'un et l'autre que sur les figures logiques et rhétoriques qu'ils utilisent pour argumenter et emporter la conviction. Pour la philosophe, ces discours-là sont plus importants que la recherche de la vérité, car ce sont eux qui font les sociétés. Les décrypter consiste, en quelque sorte, à « déniaiser » notre croyance en la philosophie. Dès lors, elle ne lâchera plus cette volonté de se plonger dans l'étude du langage. Elle crée même un terme pour désigner cette activité : la « logologie ».

Le programme est ambitieux et son amour des mots ne manque pas de jouer des tours à la jeune philosophe. À l'étroit dans les cases des disciplines universitaires, elle mêle joyeusement la littérature, l'histoire et la dialectique… Cette incapacité à cloisonner les différents types de discours ne lui facilite pas la tâche : elle se lance à l'assaut de l'agrégation sur laquelle elle se cassera les dents… six fois ! *« À la troisième tentative, j'ai traduit d'une façon un peu personnelle le rapport entre le Dieu d'Aristote et celui de Leibniz : on passe d'un Dieu* premier moteur *à un Dieu* promoteur, *et j'en étais très fière »,* s'amuse-t-elle. L'examinateur ne partageait manifestement pas son sens de la formule : elle s'en est sortie avec une note de 2/20.

Rencontre avec Heidegger

À défaut d'entamer une brillante carrière universitaire, Barbara Cassin a pu, durant toutes ses années d'étudiante, *« travailler comme jamais »* et accumuler les connaissances et les rencontres décisives. Par l'intermédiaire de ses professeurs Jean Beaufret et Michel Deguy, elle a notamment l'occasion de participer à l'un des séminaires de Martin Heidegger, le philosophe allemand dont la pensée sur l'Être et sur le langage aura une influence considérable durant la seconde moitié du XXe siècle dans tous les milieux intellectuels. À l'époque, à la fin des années 1960, Heidegger n'est pas encore l'objet des polémiques qui éclateront sur son passé nazi. Même si Barbara Cassin, qui est juive, ne l'ignore pas, cela ne présente pas un obstacle à ses yeux. Elle partage l'argument de Hannah Arendt, dont elle est l'une des premières traductrices, pour qui les philosophes ont toujours éprouvé une certaine tendresse pour les tyrans : le même homme peut être à la fois un grand penseur et un nazi ordinaire, la philosophie doit faire avec.

Rester *« loin des escaliers de la Sorbonne »* permet aussi à l'étudiante de s'orienter vers le Capes et de multiples formes d'enseignement, *« des expériences très importantes, parce qu'elles vous obligent à inventer tout le temps »,* analyse-t-elle. Elle demande par exemple à des étudiants matheux et narquois de réfléchir à la notion de nombre. Elle incite également les élèves de l'ENA à réfléchir et à travailler en groupe, une hérésie à

fig. Barbara Cassin, à son domicile parisien, en janvier 2017. © F. Plas/CNRS Photothèque

l'époque pour ces jeunes lancés dans une compétition individuelle. En les forçant à se couler dans une écriture collective et en les notant sur ce travail commun, elle veut les former à leurs futures responsabilités politiques.

Quel que soit le cadre dans lequel elle enseigne, c'est toujours à la puissance des mots que Barbara Cassin conduit ses étudiants. L'expérience qui l'a marquée le plus durablement est sans aucun doute ces deux années passées avec les adolescents psychotiques de l'hôpital Étienne-Marcel, à Paris, où exerçait Françoise Dolto. Pour surmonter les troubles de langage considérables dont souffrent ces jeunes, la professeure les met à l'écriture et à la réalisation d'un véritable journal qu'ils s'en vont vendre dans la rue. Autre exercice, en écrivant au tableau des mots grecs qu'ils ne comprennent pas, elle leur fait prendre conscience qu'il y aussi des mots qu'ils comprennent parce qu'ils ont une langue maternelle... Dès lors, Barbara Cassin fait entrer la psychanalyse dans le champ, déjà très vaste, de ses investigations. Ce sera l'occasion pour elle de publier plusieurs ouvrages sur Lacan, dont l'un coécrit avec Alain Badiou [1], connu surtout pour ses engagements politiques, mais qui a aussi réalisé de nombreux travaux en philosophie logique.

Elle ne lâche pas pour autant la philosophie. Bien au contraire. En 1984, elle est recrutée par le CNRS au Centre Léon-Robin [2], centre de recherches sur la pensée antique. Et dix ans plus tard, elle est enfin reconnue par l'institution universitaire : elle soutient brillamment une thèse de doctorat d'État, publiée sous le titre *L'Effet sophistique* [3]. Elle y remet à l'honneur une école philosophique évincée depuis deux millénaires. Prospères dans le monde grec d'avant Socrate, ceux que l'on nommera plus tard les sophistes faisaient profession d'enseigner l'art de persuader un juge, un opposant, une assemblée. Très vite, Platon, dans son dialogue *Gorgias*, puis Aristote dénoncent les raisonnements parfois fallacieux que ces professionnels du langage

fig. Barbara Cassin avec le philosophe Martin Heidegger en 1969. ©B.Cassin

[1] Barbara Cassin et Alain Badiou, *Il n'y a pas de rapport sexuel. Deux leçons sur « L'Étourdit » de Lacan*, éd. Fayard, coll. « Ouvertures », 2010.

[2] Unité CNRS/Université Paris-Sorbonne/École normale supérieure de Paris.

[3] Barbara Cassin, *L'Effet sophistique*, Gallimard, coll. « NRF Essais », 1995.

mettent au service de leur éloquence. Ce point de vue a prévalu jusqu'à nos jours : le sophisme est défini comme un raisonnement purement verbal, sans solidité et reposant sur une logique fallacieuse. Tout le monde connaît le syllogisme qui fait d'un cheval bon marché un produit cher, parce que tout ce qui est rare est cher.

Pour sa thèse, Barbara Cassin est remontée à la source, c'est-à-dire aux textes des sophistes eux-mêmes, en particulier ceux de Gorgias. Elle a retraduit son *Éloge d'Hélène,* où il plaide pour innocenter Hélène, qui a pourtant provoqué la guerre de Troie. C'est par son discours, soutient Barbara Cassin, et par sa puissance logique que Gorgias parvient à renverser la situation, réalisant une performance au sens littéral du terme. C'est cette performance logique qu'elle traque alors dans les dialogues socratiques. Bien que Platon se moque des sophistes, elle souligne comment ceux-ci nous font comprendre que les vérités philosophiques, même considérées comme les plus fondamentales, sont d'abord un effet du discours. Or, en expulsant d'entrée de jeu la sophistique comme un repoussoir et comme une voie à fuir à tout prix, la philosophie s'est privée de ce que la chercheuse appelle *« la mesure du vrai ». « La philosophie est une tradition toute-puissante, mais on ne parvient à comprendre comment elle opère qu'à condition d'être un peu en dehors, dans une forme de déterritorialisation. Voilà l'effet de la sophistique. »*

Pour Barbara Cassin, cela ne fait aucun doute : les mots ont le pouvoir de faire advenir les choses. En cela, ils ont aussi une dimension politique. Elle a pu le démontrer lors de l'avènement de Nelson Mandela à la présidence de l'Afrique du Sud, en contribuant, via un accord international avec le CNRS, à la Commission Vérité et Réconciliation mise en place en 1995 dans le cadre de la fin de l'apartheid et de la transition démocratique. *« Avec Barbara, nous avons réfléchi en philosophes sur la réconciliation et, dans notre rapport, nous avons exposé comment on pouvait obtenir la pacification de la nation grâce aux ressorts de la rhétorique,* raconte Philippe-Joseph Salazar, doyen de la Faculté des lettres du Cap. *Ce qu'on présentait en Europe comme des débats judiciaires étaient en réalité des débats politiques et ils allaient contribuer à élaborer la forme éthique du nouvel État. »* Ou comment les mots peuvent contribuer à construire une nation. Rwanda, Tunisie, Côte d'Ivoire, Pérou…, ce rapport, que le rhétoricien n'hésite pas à placer à l'égal du *Contrat social* de Rousseau, est devenu une référence obligée dans tous les pays qui, depuis, ont créé ce type de commission. Même si, regrette Philippe-Joseph Salazar, son adaptation à chaque pays et dans différentes langues ne se fait pas sans mal.

L'aventure des intraduisibles

Une problématique que Barbara Cassin connaît bien. La réflexion sur le sens des mots quand ils voyagent d'une langue à l'autre la préoccupe depuis longtemps. Voilà vingt ans qu'elle s'interroge sur ce que pourrait être une philosophie européenne à l'heure du *« globish »,* cet anglais globalisé pratiqué dans le monde entier. Une première réponse est venue en 2004, sous la forme d'un objet unique dans l'histoire de la philosophie, pour ne pas dire de l'édition : le *Vocabulaire européen des philosophies,* plus connu par son sous-titre, le *Dictionnaire des intraduisibles.* Ce monument examine plus de 1500 mots du langage philosophique confrontés à la difficulté de leur traduction dans une quinzaine d'autres langues. *« Quand on traduit, le sens n'est plus tout à fait le même ni tout à fait autre,* lance la philosophe, *il y a toujours plus d'une bonne traduction possible. D'ailleurs, même le mot traduire est polysémique ! »* Le dictionnaire, pour lequel elle a réussi à mobiliser cent cinquante chercheurs et traducteurs à travers le monde, ne donne donc pas la bonne traduction, il montre au contraire les discordances et les différences : les « intraduisibles » sont *« non pas ce qu'on ne traduit pas, mais ce qu'on ne cesse pas de (ne pas) traduire ».*

fig. Sur ces tableaux, Barbara Cassin a peint ses deux fils, 8 et 3 ans (en haut), et ses deux petits-fils aux mêmes âges, à plus de vingt ans d'intervalle. © F. Plas

Barbara Cassin le revendique comme un geste politique. De même, elle a imaginé l'exposition du MuCEM « Après Babel, traduire » comme la démonstration au sens littéral d'un savoir-faire de la diversité : ici, pas de sémiologie, on apporte la preuve par les œuvres. Cette reconnaissance de la diversité, c'est aussi une affirmation féministe pour Barbara Cassin, qui considère que les notions d'« universel » et de « vérité avec un grand V » sont le fruit d'un rapport masculin à la philosophie. C'est d'ailleurs un autre débat qui anime ses discussions avec Alain Badiou, avec qui elle prépare un ouvrage sur la manière dont homme et femme se rapportent à la philosophie.

Écrire comme on peint

Avant cela, il y aura sans doute la parution d'un nouveau *Dictionnaire des intraduisibles*, celui des trois monothéismes cette fois, parce que les trois grands textes sacrés, la Torah, la Bible et le Coran, ont eux aussi beaucoup à nous dire sur le rapport que nous entretenons avec les langues et les mots. *« Il faudra d'abord trouver les financements, parce que ce type d'ouvrage est très coûteux »,* soupire Barbara Cassin. *« Il faut avoir le cœur bien accroché pour que de tels projets d'érudition entrent dans les systèmes de financement »,* ajoute en écho Philippe-Joseph Salazar, qui souligne la marginalité des experts du langage en Europe quand, aux États-Unis, les congrès de rhétorique réunissent des milliers de participants.

Barbara Cassin, elle, ne redoute rien tant que se laisser happer par le temps. Une chaire à la Sorbonne ? Elle a refusé, de peur de ne plus pouvoir continuer ses travaux dans le monde entier. Des engagements militants ? Trop prenant. Idem pour les calculs politiques ou le réseautage qui vous font grimper les échelons de la hiérarchie. *« Tout ce qui s'est passé pour moi au CNRS, jusqu'à devenir directrice du Centre Léon-Robin, est arrivé uniquement parce que j'ai eu beaucoup de chance. Je ne l'ai jamais vraiment voulu et encore moins demandé »,* assure-t-elle. Son temps, elle veut le préserver pour creuser « son » sillon : quand dire, c'est vraiment faire. Au risque, avoue-t-elle, de se répéter, surtout quand on travaille, comme c'est son cas, sur plusieurs ouvrages en même temps, sans compter les articles, les contributions, les expositions... *« Alors j'écris comme je peins,* lâche-t-elle, *en attendant d'être surprise. »* Elle nous désigne deux de ses tableaux accrochés l'un au-dessus de l'autre, même format, mêmes tons et presque les mêmes personnages. Les deux toiles *(à gauche)* ont cependant plus de vingt ans d'écart : la première représente ses deux fils, 8 et 3 ans, la seconde, ses deux petits-fils aux mêmes âges. Presque une répétition, mais avec d'infimes différences. *« Écrire sur le langage doit avoir le même effet que peindre,* commente-t-elle. *Se surprendre soi-même et changer son regard sur les choses. Littéralement, se rincer l'œil. »*

Dans le temple de la vision

Au cœur de Paris se niche un lieu scientifique d'exception, entièrement consacré à l'un de nos sens les plus complexes. Ce laboratoire de pointe réunit sur un même site chercheurs, médecins et industriels, qui se mobilisent pour découvrir des traitements innovants et améliorer la qualité de vie des personnes malvoyantes. Reportage à l'Institut de la vision.

article écrit par Louise Mussat
lieu Institut de la vision (unité CNRS/Université Pierre et Marie Curie/Inserm)
mots-clés maladies oculaires, rétine, neurones, fluorescence, cellules souches, optogénétique

À quelques encablures de la place de la Bastille, dans ce grand bâtiment d'architecture singulière de 6 000 mètres carrés collé au Centre hospitalier national d'ophtalmologie des Quinze-Vingts, pas moins de trois cents chercheurs, travaillant avec médecins et industriels, partagent un double objectif : comprendre l'ensemble des processus qui conduisent à la vision, et prévenir ou soigner les maladies oculaires, du glaucome* à la dégénérescence maculaire liée à l'âge* (DMLA) en passant par les rétinopathies pigmentaires* ou encore les occlusions veineuses de la rétine. Côté publications et brevets, l'Institut est leader en Europe et se place dans le top 3 au niveau mondial. *« Notre but ultime, c'est de permettre aux aveugles de voir au moins un peu à nouveau. On y travaille »*, nous précise son fondateur et directeur, José-Alain Sahel, médaille de l'Innovation du CNRS en 2012.

Cerner la liaison entre la rétine et le cerveau

Pour cela, il s'agit tout d'abord de comprendre, et dans leurs moindres arcanes, les phénomènes qui régissent la vision. L'œil rivé sur l'oculaire d'un microscope, la biologiste Sandrine Couvet tente par exemple d'y voir plus clair sur la formation des neurones impliqués dans la vue. À cet instant, elle scrute des sortes de serpentins

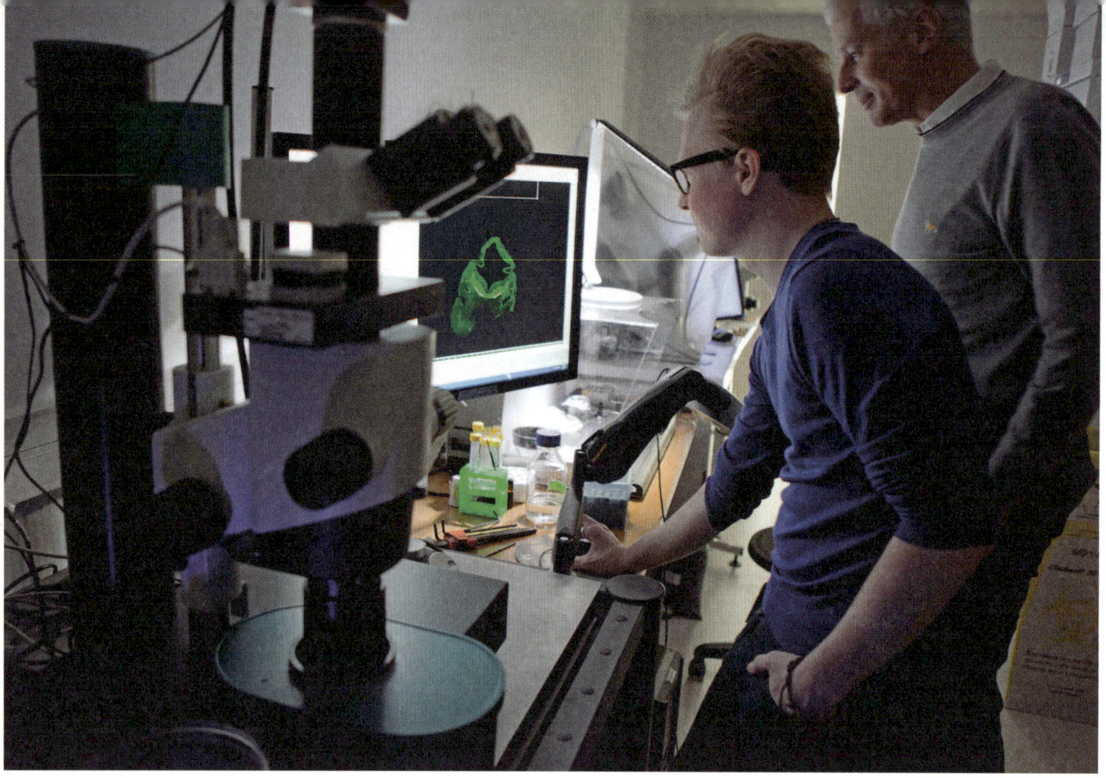

fluorescents : *« Ce sont des neurones isolés issus du cerveau d'embryons de souris »*, explique la chercheuse. Pour les rendre ainsi brillants, et donc facilement observables, elle utilise une molécule fluorescente de méduse, la GFP, une technique qui a valu le prix Nobel à ses découvreurs en 2008. *« En observant les neurones, nous tentons de comprendre comment ils poussent, comment ils se dirigent et, in fine, comment ils se mettent en place dans le système visuel. »*

Cette mise en place a lieu pendant le développement embryonnaire. Les neurones émettent un prolongement, l'axone, qui croît dans le cerveau en direction des cellules cibles. Ces axones sont orientés par des molécules dites « de guidage axonal » au cours du développement du système nerveux*, et en particulier du système visuel. Ici, les équipes de Xavier Nicol et d'Alain Chédotal cherchent à déterminer précisément le rôle de ces molécules et leur mode d'action pour comprendre par quels mécanismes précis la rétine se connecte au cerveau. *« La technique de fluorescence nous permet de visualiser les cônes de croissance des neurones. On assiste donc en direct au processus ! »*, conclut Sandrine Couvet, enthousiaste.

« Comprendre l'évolution des axones est un enjeu de recherche fondamentale et de recherche appliquée, embraye Alain Chédotal, le chef de l'équipe. *Dans un système visuel normal, la moitié des axones d'un œil pousse vers le côté gauche du cerveau et l'autre moitié vers le côté droit (le choix s'effectue au niveau du "chiasma" optique, là où les deux nerfs optiques se croisent). C'est ce qui nous confère la vision en profondeur. Mais quand la croissance n'est pas normale, cela peut engendrer une mauvaise vision binoculaire, dont souffrent notamment les albinos. Ici, nous tentons donc également d'identifier les molécules responsables de ce mauvais guidage. De même, repérer les molécules qui aident les axones à pousser ou, au contraire, celles responsables de leur dégénérescence pourrait nous permettre de les faire repousser, et ainsi de soigner certaines pathologies. »* L'outil des chercheurs pour trier le bon

fig. L'imagerie est utilisée afin de comprendre comment se développent les connexions cérébrales. Ici, les axones apparaissent en vert.

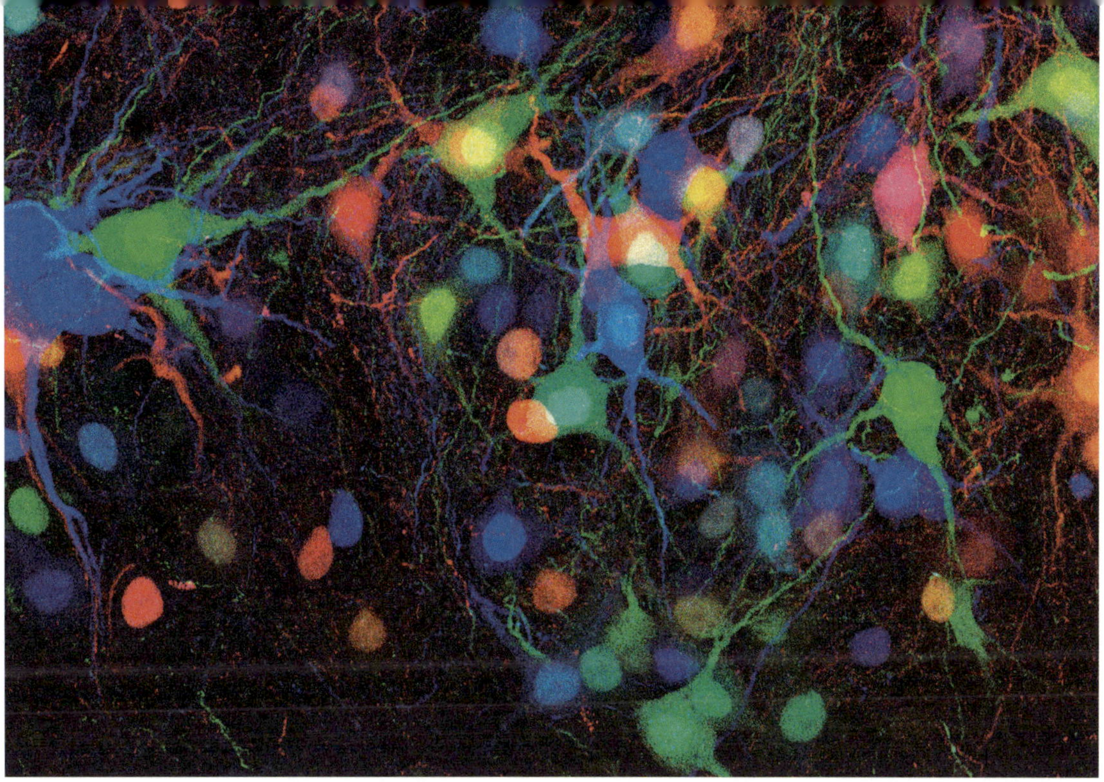

grain de l'ivraie? La génétique. Pour tester la fonction de chacune de ces molécules, l'équipe a recours à des souris dans l'organisme desquelles l'expression d'une molécule dont on veut comprendre la fonction est inactivée.

Sous le microscope, le serpentin fluorescent fait toujours de l'œil à Sandrine Couvet, occupée à comprendre comment les circuits neuronaux évoluent dans la rétine. Mais pour ce faire, d'autres chercheurs de l'Institut ont des techniques aux rendus plus inattendus encore.

Cela se passe dans le laboratoire de Jean Livet. Visibles au mur du bureau et sur les écrans de veille des ordinateurs, des tableaux mi-psychédéliques mi-impressionnistes s'affichent : des images de souris Brainbow. *« Dans ces souris, on introduit génétiquement trois protéines fluorescentes de couleurs différentes (rouge, verte et bleue), qui se distribuent à plusieurs niveaux et de manière aléatoire dans les neurones. Cela permet d'obtenir un grand nombre de combinaisons de couleurs,* explique le chef d'équipe. *De ce fait, les neurones peuvent être distingués les uns des autres grâce aux contrastes. »* Avec la technique Brainbow, développée en 2007 à Harvard, les chercheurs observent la façon dont les neurones croissent et étudient leurs interactions (comment ils s'organisent les uns par rapport aux autres et s'interconnectent) afin d'établir une cartographie des circuits neuronaux. Ils peuvent également étudier le lignage de ces cellules, c'est-à-dire reconstruire leur arbre généalogique en quelque sorte.

« Notre but, explique Jean Livet, *c'est de comprendre comment les réseaux de neurones sont organisés, mais aussi comment une structure aussi compliquée que la rétine se développe à partir d'une couche de cellules souches en division. Celles-ci génèrent-elles toujours le même nombre et les mêmes types de neurones? Comment les neurones issus d'une cellule souche s'organisent-ils dans l'espace? Comment passe-t-on de ces cellules apparemment toutes pareilles à un réseau complexe? »*

fig. Dans le cerveau d'une souris Brainbow, le marquage multicolore permet de distinguer les neurones les uns des autres.
© K. Matho/Institut de la vision

Petit lexique de la vision

Glossaire

Le **glaucome** est une maladie entraînant des lésions du nerf optique, le plus souvent dû à une élévation de la pression oculaire. Il représente la deuxième cause de cécité au niveau mondial et touche 1 à 3 % de la population au-delà de 40 ans.

La **DMLA** est une maladie de l'œil qui atteint la zone centrale de la rétine, ce qui rend difficile la lecture ou encore la reconnaissance des visages. Un quart des plus de 75 ans est touché. C'est la première cause de cécité dans le monde.

La **rétinopathie pigmentaire** est une maladie génétique qui touche environ 1 naissance sur 4 000 (30 000 cas environ en France). Le champ visuel des patients se réduit peu à peu jusqu'à ce qu'ils perdent la vue, généralement après 50 ans.

Le **système nerveux** est constitué de réseaux complexes de cellules excitables (les neurones) connectées au niveau des synapses.

Au fond de l'œil, la **rétine** est composée de cellules sensibles à la lumière (photorécepteurs) et d'un réseau de neurones. Les photorécepteurs transforment les signaux lumineux en signaux électriques traités par le réseau neuronal. Ces signaux sont ensuite acheminés jusqu'au cerveau via le nerf optique. Une défaillance des photorécepteurs altère donc la vue et peut conduire à la cécité. La rétine artificielle ou la thérapie optogénétique visent à stimuler le réseau neuronal après la perte des photorécepteurs.

Si l'Institut tente de percer les énigmes de la vue, il déploie en parallèle différentes stratégies pour soigner les maladies oculaires. L'une des plus ambitieuses est sans nul doute la rétine artificielle. Cette prothèse, destinée aux patients atteints de rétinopathie pigmentaire ou de DMLA, capte la lumière et la convertit en signaux électriques, comme le font les cônes et les bâtonnets chez un sujet sain. Plusieurs systèmes sont développés aux États-Unis et en Europe. Le système *made in France* appelé IRIS II est co-développé avec l'Institut de la vision et produit par une société installée au cœur de l'Institut : Pixium Vision.

« Il repose sur une rétine artificielle biomimétique, développée par l'Institut de la vision et produite par la start-up Chronocam. Le capteur est intégré sur des lunettes pour capter la lumière et transformer l'information visuelle en signal électrique, détaille Ryad Benosman, responsable de l'équipe de l'Institut développant le système. *Le signal acquis est envoyé vers un ordinateur miniature, placé dans la poche du patient. L'ordinateur traite les informations reçues avant de les envoyer, par infrarouge, à des électrodes microscopiques placées sur la rétine. Ces électrodes se chargent enfin d'envoyer l'information au cerveau, via le nerf optique. »*

En France, une dizaine de patients, qui étaient totalement aveugles, sont équipés avec des implants Iris. Actuellement en rééducation pour apprendre à vivre avec ces rétines artificielles, ils retrouvent des sensations visuelles. Pas question de reconnaître les visages ou de déchiffrer un livre, mais certains suivent une ligne au sol ou lisent de gros caractères sur ordinateur.

Aujourd'hui, les prothèses commercialisées par Pixium comptent cent cinquante électrodes. Mais à l'Institut, on travaille déjà sur un nouveau modèle pour en augmenter le nombre à un millier, avec une technologie visant à améliorer la résolution des électrodes. *« Dans les prothèses actuelles, les signaux envoyés par chaque électrode diffusent, un peu comme le fait une touche d'aquarelle sur une toile. Par conséquent, on ne parvient pas à une excellente résolution,* explique Serge Picaud. *En partenariat avec Pixium Vision et l'université de Stanford (Californie), nous travaillons sur une technologie innovante permettant de restreindre cette diffusion, et donc d'augmenter la résolution, comme si l'on faisait non plus de l'aquarelle mais du pointillisme ».* *« Notre but à terme, c'est de proposer aux patients des prothèses avec lesquelles ils pourront lire, reconnaître les visages, se déplacer dans les environnements inconnus, bref retrouver une certaine autonomie »,* déclare José-Alain Sahel.

Des cellules souches dans l'œil

Autre spécialité de l'Institut : les cellules souches. Ici en effet, les chercheurs dirigés par Olivier Goureau tentent de fabriquer des neurones rétiniens à partir de cellules indéterminées. *« On se sert des cellules de la peau,* précise Alain Chédotal. *Nous les reprogrammons pour qu'elles reviennent au stade de cellules souches. Pour cela, Olivier Goureau utilise le protocole mis au point par Shinya Yamanaka (prix Nobel 2012 de physiologie ou médecine). Les chercheurs cultivent ces cellules au sein d'un cocktail de molécules qui redonne des propriétés embryonnaires aux cellules différenciées. »* Ces cellules souches sont ensuite plongées dans un milieu nutritif qui favorise leur transformation en cellules neurales rétiniennes.

Ces dernières sont destinées à être greffées dans la rétine par injection. Les équipes de l'Institut de la vision vont tester ce protocole sur l'animal, avant de mener des essais cliniques sur l'homme. L'enjeu consiste à déterminer si la greffe va prendre sans déclencher de rejet par le système immunitaire ou provoquer une prolifération anarchique de cellules.

Déposer des cellules souches dans l'œil est une piste de recherche. Y apporter de nouveaux gènes en est une autre. Direction, à présent, le troisième étage de l'Institut de la vision pour les découvrir.

fig. Les scientifiques testent des lunettes équipées d'une caméra spéciale, qui font partie du système de rétine artificielle.
©C. Hargoues/Institut de la vision/CNRS Photothèque

« L'entrée est strictement interdite ! Ici, nous travaillons sur des thérapies géniques et cellulaires nécessitant les plus hautes conditions d'hygiène et de sécurité. » On se contentera donc de découvrir le laboratoire L3... en regardant par la fenêtre. En combinaison, portant une charlotte, des gants et des lunettes protectrices, Camille Robert et William Deschamps s'affairent dans la petite pièce stérile équipée de deux postes de sécurité microbiologique. *« Ils sont en train de fabriquer le virus adéno-associé (AAV),* nous explique Deniz Dalkara, responsable de l'équipe Thérapie génique et modèles animaux pour maladies neurodégénératives de l'Institut. *Totalement inoffensif, ce virus sert de véhicule pour transporter un gène dans une rétine défaillante de souris. »* En l'occurrence, pour transporter un gène issu d'une algue microscopique, qui code pour une protéine photosensible appelée channelrhodopsine.

L'optogénétique, stratégie prometteuse

Cette stratégie, l'optogénétique, vise notamment à restaurer la vue chez les personnes atteintes de dégénérescence rétinienne. Dans ce cas, les cellules neuronales photosensibles de la rétine*, c'est-à-dire les cônes et les bâtonnets, ne captent plus la lumière, ce qui conduit à la cécité. Avec la channelrhodopsine, qui est exprimée au sein de la rétine de l'hôte grâce au virus confectionné, cette dernière retrouve sa sensibilité à la lumière. La technique est actuellement en phase préclinique. Elle a donné de bons résultats sur les souris et les primates non humains, et l'équipe poursuit les tests avant de pouvoir passer au stade clinique. C'est la start-up GenSight Biologics qui devrait évaluer cette nouvelle stratégie thérapeutique en clinique en 2017-2018.

Des manipulations sont justement en cours pour préparer l'ADN qui servira à fabriquer le virus. Julien Murat, le technicien de l'équipe, place de petits tubes à essai remplis d'un liquide ambré dans une centrifugeuse : *« La machine va séparer le liquide et l'ADN qui va se déposer sur un petit filtre contenu dans les tubes,* explique-t-il. *Je vais ensuite récupérer cet ADN pour le "bricoler". Avec lui, nous fabriquerons notre véhicule, le virus adéno-associé, dans lequel nous introduirons le gène de notre algue photosensible. L'ensemble sera injecté dans une souris aveugle, qui devrait retrouver une sensibilité à la lumière. »* Deniz Dalkara précise : *« Dans l'ensemble, notre technique fonctionne bien, mais c'est une opération délicate. Nous menons donc des tests de comportement sur la souris, pour vérifier qu'elle a bel et bien retrouvé des sensations visuelles. Il faut également s'assurer que la channelrhodopsine s'est exprimée dans les bonnes cellules. »* Et ce, en observant au microscope des coupes de rétines qui sont issues de souris traitées.

Mais pas n'importe lequel. Au quatrième étage, la salle des microscopes émet un concert de ronronnements électriques. Un microscope confocal, qui permet de visualiser les objets fluorescents avec une résolution inférieure au micromètre, côtoie un microscope à chambre d'incubation qui maintient un environnement à 37 °C enrichi en CO_2 pour observer les tissus vivants sans les perturber. L'Institut compte cinq microscopes de cet acabit. Pour réserver l'un de ces bijoux de technologie, les chercheurs doivent s'y prendre au moins quinze jours à l'avance.

Un décor de théâtre

En attendant que toutes ces techniques thérapeutiques soient au point, d'autres membres de l'Institut de la vision tentent d'améliorer l'autonomie et la qualité de vie des personnes malvoyantes. Certaines de leurs expériences se déroulent dans une rue artificielle, digne d'un décor de théâtre, érigée au sein de l'Institut.

Dans la fausse « rue Alfred-de-Musset », un patient, atteint du syndrome d'Usher (il est à la fois malvoyant et malentendant), déambule lentement entre des obstacles en mousse, sous l'œil vigilant de Karine Becker, l'experte accessibilité de l'équipe du Streetlab. La mission de la société

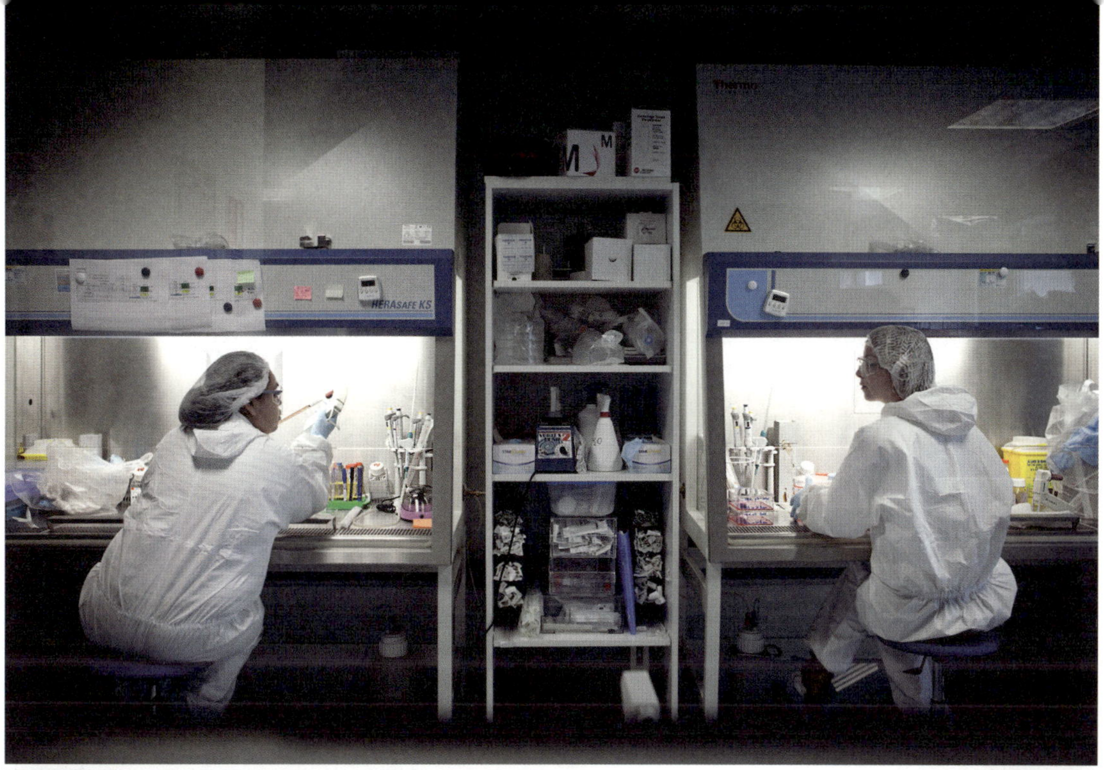

fig. haut. Dans le laboratoire de sécurité microbiologique de niveau L3 de l'Institut de la vision, où sont manipulés des prélèvements biologiques infectieux.
©C. Hargoues/Institut de la vision/CNRS Photothèque

fig. bas Expérimentation avec un casque de réalité virtuelle au sein du Homelab, appartement témoin dédié aux déficients visuels. Cet appartement permet de tester les solutions proposées par les industriels et d'en mesurer les bénéfices pour l'utilisateur.
©C. Hargoues/Institut de la vision/CNRS Photothèque

Chercheurs et industriels, les yeux dans les yeux

Encadré

La thérapie génique fait partie des pistes explorées à l'Institut de la vision.

L'Institut de la vision est un véritable campus qui regroupe le centre de recherche, le Centre d'investigation clinique du Centre hospitalier national d'ophtalmologie des Quinze-Vingts, le Centre de maladies rares de la rétine, et l'Incubateur et la Pépinière d'entreprises accueillant une dizaine de start-up. Trois cents chercheurs de dix-sept équipes, affiliés à l'université Pierre et Marie Curie (UPMC), à l'Inserm ou au CNRS travaillent de concert avec médecins et industriels. Un savant mélange qui *« offre un dialogue permanent entre les différentes cultures, ce qui permet d'accélérer la recherche et les applications thérapeutiques qui en découlent »*, constate José-Alain Sahel. *« Les entreprises bénéficient ainsi des travaux des chercheurs sur l'imagerie, la chirurgie, les médicaments. À ces derniers, ils apportent les moyens de tester leurs prototypes, un certain professionnalisme dans la gestion de projets... »* Sans oublier un investissement financier : *« 25 à 30 % du budget de l'Institut résultent de partenariats avec l'industrie »*, conclut José-Alain Sahel.

Streetlab[1] ? Tester des produits et services pour améliorer l'autonomie, la mobilité et la qualité de vie des personnes déficientes visuelles. Pour cela, elle a mis en place trois plateformes, au cœur même de l'Institut : un simulateur de déficiences visuelles, un appartement de 45 mètres carrés destiné à améliorer l'habitat des personnes malvoyantes, appelé le Homelab, et la rue artificielle.

C'est dans cette rue qu'un test est en train de se dérouler. Depuis la régie, six écrans de contrôle permettent d'y assister. *« Les patients qui acceptent de participer à nos tests sont équipés de capteurs biométriques,* explique Johan Le Brun, ingénieur, responsable technique des plateformes Streetlab. *Par triangulation, nous déterminons les positions de chacun de ces capteurs et nous reconstituons un avatar ou une silhouette virtuelle pour chaque patient. À l'écran, des vecteurs s'animent pour former une sorte de bonhomme. Cela nous permet de connaître les mouvements exacts du patient, son cycle de marche, sa vitesse. Nous obtenons aussi la direction de son regard à chaque étape grâce à des oculomètres qui analysent en continu le mouvement des yeux. Bref, nous décryptons toutes les stratégies que le patient met en place pour se déplacer et éviter les obstacles. »*

Associer recherche fondamentale et appliquée

Cette démarche sera utilisée avec les entreprises Pixium Vision et GenSight Biologics pour aider les patients traités à se réadapter à leur nouvelle vue. La société a également signé des partenariats avec la RATP, JCDecaux, l'Association française de l'éclairage et les supermarchés Casino pour comprendre les stratégies visuelles des patients. *« La plateforme a aussi une mission de recherche fondamentale,* ajoute Johan Le Brun. *Les travaux qui y sont menés nous permettent d'améliorer nos connaissances en ergonomie, en psychophysique, etc. »*

De l'optogénétique à la rétine artificielle en passant par les stratégies pointues d'adaptation au handicap, les acteurs de l'Institut de la vision ont fait considérablement avancer la recherche fondamentale ou appliquée liée à la vision et aux pathologies associées. *« Je dis peut-être cela car je suis un éternel insatisfait, mais il ne faut surtout pas que l'on se repose sur nos acquis,* insiste José-Alain Sahel. *Si nous avons relevé de nombreux challenges en dix ans d'existence, il nous reste bien d'autres pistes à explorer pour protéger la vue des patients. »* Après notre visite dans cet institut de pointe, quelque chose nous fait dire que ce jour n'est sans doute pas si loin.

fig. Dans la rue artificielle, les mouvements de ce participant et la direction de son regard sont analysés en continu. Objectif ? Étudier les stratégies qu'il met en place pour se déplacer et éviter les obstacles.

[1] Créée par la Fondation Voir & Entendre et par l'université Pierre et Marie Curie.

Jean-Pierre Sauvage, le seigneur des anneaux

Le Français Jean-Pierre Sauvage [1] a reçu fin 2016 le prix Nobel de chimie pour les travaux qu'il a menés autour des moteurs moléculaires. Discussion avec ses confrères Dominique Massiot, directeur de l'Institut de chimie du CNRS, et Bruno Chaudret, président du Conseil scientifique de l'organisme, sur son parcours et ses recherches, en partie inspirées du vivant.

discussion animée par Dominique Massiot
lieu siège du CNRS, Paris
mots-clés prix Nobel, moteur moléculaire, anneaux, hystérèse, topologie

Le 5 octobre 2016, tu as reçu le prix Nobel de chimie, avec l'Écossais James Fraser Stoddart et le Néerlandais Bernard Lucas Feringa, pour vos travaux pionniers sur les moteurs moléculaires. De quoi s'agit-il ?

Jean-Pierre Sauvage: Les molécules, aux niveaux microscopique et nanoscopique, bougent tout le temps. Le mouvement est quelque chose de complètement banal. Ce qui l'est beaucoup moins, c'est de contrôler le mouvement d'une seule molécule ou d'un assemblage de quelques molécules seulement. C'est ce que nous appelons la machinerie moléculaire.

Ces moteurs moléculaires constituaient-ils le but de tes travaux ?

J.-P. Sauvage: Soyons francs : non. Et je crois que pour la plupart des scientifiques, le but ultime ne se prévoit pas trente ans à l'avance. Il se concrétise et se visualise au fur et à mesure que la recherche avance. C'est exactement ce qui s'est passé pour nous. Nous avons travaillé dans des domaines très différents les uns des autres. À un moment donné, on a sauté dans celui de la topologie moléculaire – j'essaierai d'expliquer ce que c'est un peu plus tard –, avec les anneaux entrelacés et les nœuds moléculaires. Et nous nous sommes rendu compte après une dizaine d'années que ce domaine pouvait conduire à quelque chose de tout à fait original : la fameuse machinerie moléculaire.

B. Chaudret: Quand tu as commencé, tu as choisi de travailler sur les caténanes : ce sont des architectures moléculaires formées d'au moins deux très grandes molécules en forme d'anneaux, entrelacées l'une dans l'autre. Quand il y en a plusieurs à la suite, cela forme une sorte de chaîne. Ces caténanes furent l'élément déclencheur du prix Nobel. Qu'est-ce qui t'a conduit à travailler sur un sujet qui était aussi improbable à l'époque ?

J.-P. Sauvage: Sujet improbable, c'est bien ! Je le prends comme un compliment *(Rires.)*.

B. Chaudret: C'en est un !

J.-P. Sauvage: J'ai démarré mon laboratoire en 1980. Notre équipe était jeune et nous lancions beaucoup de projets. L'un d'eux venait de mes travaux avec Jean-Marie Lehn (Nobel de chimie en 1987) sur la photolyse de l'eau [2] qui était le grand sujet de cette époque. Tous ceux qui travaillaient dans ce domaine utilisaient des molécules photo-actives, c'est-à-dire capables d'absorber le rayonnement solaire et de le convertir en un autre type d'énergie. La plupart des molécules qui remplissaient cette fonction étaient des complexes de ruthénium, un élément chimique qui ressemble au fer mais qui est bien plus rare. Avec le photochimiste américain David R. McMillin qui passait quelques mois à l'université de Strasbourg, nous avons essayé d'utiliser plutôt le cuivre. Nous avons donc conçu des molécules avec un atome de cuivre central et des molécules organiques autour, qu'on appelle ligands et qui interagissent avec le métal central. Nous nous sommes alors rendu compte que le système que nous avions fabriqué était idéal pour produire un caténane, le plus simple des caténanes étant deux anneaux entrelacés.

B. Chaudret: Tu t'es donc aperçu qu'en utilisant des complexes de cuivre qui s'emboîtent, cela ressemblait à un caténane… mais il restait à « refermer » les anneaux. Non seulement c'est très difficile chimiquement, mais en plus ce n'est pas une idée qui vient spontanément. Pourquoi t'es-tu penché sur ce sujet précis ?

J.-P. Sauvage: L'élément déclencheur fut l'arrivée au laboratoire de Christiane Dietrich-Buchecker, hélas décédée en 2008. C'était une amie, on se connaissait depuis les classes préparatoires. Elle avait en chimie organique une expertise très grande et qui me faisait défaut. En discutant avec elle, nous nous sommes dit que nous pouvions nous attaquer au domaine des anneaux entrelacés. C'est ainsi que nous sommes parvenus à finaliser des caténanes. Notre première publication sur le sujet est sortie en 1983.

Avec l'apparition des caténanes, le contrôle des machines moléculaires est-il devenu un objectif pour ton équipe ?

J.-P. Sauvage: À vrai dire, notre but était surtout de faire des molécules avec des propriétés d'hystérèses.

B. Chaudret: Cela signifie que pour aller d'un point A à un point B, on emprunte un chemin à l'aller différent du chemin du retour. Les aimants sont une application connue de l'hystérèse. Sans elle, le moment magnétique de l'aimant se relaxerait et l'aimant ne resterait pas aimanté.

J.-P. Sauvage: Je vais essayer de parler de l'hystérèse de nos molécules et de notre première machine moléculaire. C'est donc une molécule avec deux anneaux entrelacés. On prend cette molécule et on applique une différence de potentiel dans une solution. Cela s'appelle de l'électrochimie. La molécule va être oxydée, c'est-à-dire que l'on va lui arracher un électron. La molécule se réarrange alors complètement. Mais si l'on remet un électron, elle ne redeviendra pas la même molécule. Elle n'aura plus du tout le même squelette, ni les mêmes propriétés qu'auparavant.

B. Chaudret: Si je comprends bien, tu as deux anneaux, comme des anneaux de rideau entrelacés. Tu arraches un électron et un des anneaux se met à tourner…

J.-P. Sauvage: Voilà c'est ça. Nous n'avons pas appelé cela une machine moléculaire, mais cela y

[1] Jean-Pierre Sauvage est professeur émérite à l'université de Strasbourg après une carrière menée au CNRS de 1971 à 2014.

[2] Il s'agit de la décomposition de molécules d'eau (H_2O) en H_2 et O_2 sous l'effet de la lumière.

ressemblait beaucoup puisque nous faisions tourner un anneau à l'intérieur d'un autre. Ce résultat a été publié exactement en même temps que la première machine de notre ami Fraser Stoddart, qui était une navette moléculaire : c'était un anneau traversé par un axe, et l'anneau se promène dessus, allant d'une position à une autre.

Et c'est là qu'intervient la fameuse capacité de contrôle et de direction sur le mouvement moléculaire, à l'échelle du nanomètre...

J.-P. Sauvage: Tout à fait. Des molécules se comportent alors comme des machines. Nos travaux ont porté sur des molécules nouées et des suites d'anneaux entrelacés. Cela revient un peu à faire du tissage avec des molécules.

B. Chaudret: La conversion de l'énergie, lumineuse ou électrique, en énergie mécanique est parfaitement maîtrisée par l'Homme à l'échelle macroscopique. En revanche, à l'échelle de la molécule, ce n'est maîtrisé que par la nature sur quelques machines essentielles à la vie...

J.-P. Sauvage: Nous avons été terriblement inspirés par la biologie. Le monde biologique est rempli de machines moléculaires. Je vais dire quelque chose qui est peut-être trivial pour des biologistes, mais il y a une véritable machinerie moléculaire du vivant. Elle est mise en œuvre principalement par des protéines moteurs, comme l'ATP synthase. Cette enzyme, relativement grosse, est responsable de la synthèse de l'ATP, l'adénosine triphosphate, qui est en quelque sorte le carburant de notre système biologique. Il s'agit d'un moteur rotatif absolument merveilleux [3] qui fonctionne en permanence pour chaque être vivant. C'est à peu près la même enzyme pour les archées, les bactéries les plus anciennes qui ont 3,7 milliards d'années, et pour les mammifères. Je trouve que c'est déjà assez magique. Nous sommes remplis de ces moteurs rotatifs qui fonctionnent en permanence. Chaque jour, nous fabriquons en ATP l'équivalent de la moitié de notre masse. L'ATP synthase est partout

[3] L'ATP a déjà valu un prix Nobel de chimie à Paul D. Boyer, John E. Walker et Jens C. Skou, en 1997.

fig. Jean-Pierre Sauvage.

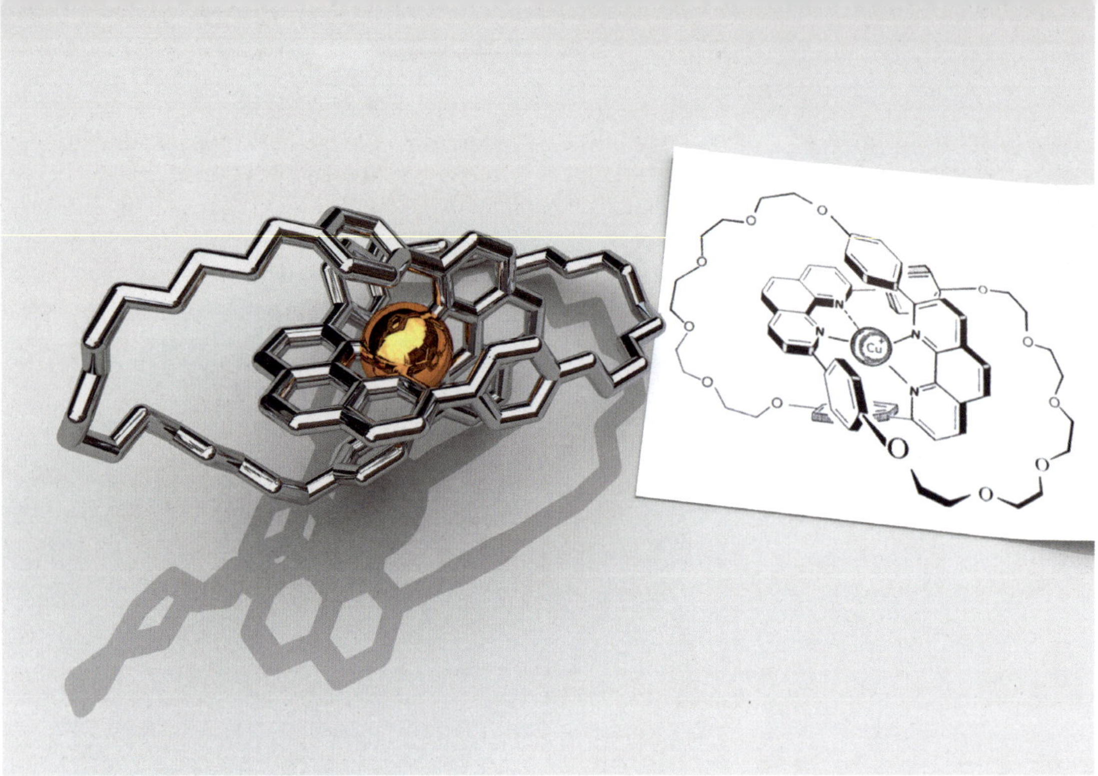

et travaille comme une folle. J'ai lu énormément de biologie moléculaire sur ce sujet et cela nous a beaucoup inspirés, comme cela a certainement été le cas de Fraser Stoddart et Ben Feringa, mes colauréats, dont les travaux sur les moteurs rotatifs sont fantastiques.

Le fossé avec les moteurs biologiques reste cependant considérable. Aujourd'hui, les moteurs moléculaires de synthèse savent très bien stocker l'énergie qu'on leur donne, mais l'efficacité de la conversion est loin de celle des moteurs biologiques. Comment envisager de s'en approcher ?

J.-P. Sauvage : L'efficacité des machines biologiques est un peu mystérieuse. L'ATP synthase est une enzyme extrêmement complexe qui produit une réaction très simple, l'hydrolyse d'ester, donnant de l'énergie au système biologique. C'est le fioul, le combustible de l'énergie biologique. Nos cellules hydrolysent de l'ATP dès que nous avons besoin d'énergie. Mais il y a des machines moléculaires encore plus impressionnantes, avec des fonctions extrêmement complexes. Par exemple, la kinésine a pour fonction de transporter les molécules synthétisées dans la cellule là où celle-ci en a besoin. À l'intérieur de la cellule, la kinésine « marche sur ses deux pattes » sur les microtubules qui sont des « autoroutes » extrêmement longues, de l'ordre du micron. C'est une machinerie impressionnante et un exemple extrêmement motivant pour des chimistes : faire du transport de molécules, contrôlé et dans une direction. Le très ambitieux laboratoire de David Leigh, à Manchester, s'est lancé dans ce projet et ils ont créé des « marcheurs ». Il y a des travaux dans ce domaine mais aucun « marcheur synthétique » ne va encore aussi loin que la kinésine sur son microtubule.

T'attendais-tu à être nobélisé ?

J.-P. Sauvage : Je ne vais pas jouer les grands naïfs, plusieurs personnes depuis des années me disaient que j'étais sans doute sur une liste et

fig. Représentation 3D d'un caténane de cuivre et dessin à l'encre de Chine par Jean-Pierre Sauvage. ©J.-P. Sauvage que je pourrais avoir le prix Nobel. De manière plus surprenante, d'autres me disaient qu'ils avaient écrit au comité Nobel et que j'étais leur candidat. À chaque fois, cela me faisait beaucoup rigoler, parce que je ne soupçonnais pas le comité de pouvoir choisir un domaine très fondamental et qui ne soit pas en relation avec la médecine ni avec la physique ou les technologies spectroscopiques. Très peu de domaines de la chimie moléculaire, quand ils sont peu utilisés du point de vue pratique, ont été reconnus. Je ne sais pas si Fraser Stoddart s'y attendait pour sa part. Je le connais trop bien pour que nous nous soyons exprimés là-dessus.

D'ailleurs, comment décrirais-tu tes relations avec tes deux colauréats : existait-il une compétition entre vous ?

Avec Fraser Stoddart, nous sommes amis depuis la fin des années 1970 et nos deux familles le sont devenues aussi. À chaque fois que nous sentions que nos laboratoires pouvaient être trop proches scientifiquement, nous essayions de rediriger les recherches vers quelque chose de plus éloigné de ce que faisait l'autre laboratoire. En ce qui concerne Ben Feringa, lui croyait à la possibilité d'un Nobel quand elle était évoquée. Nous nous connaissons depuis une vingtaine d'années, c'est aussi un ami. Mais nous n'avons jamais été en compétition parce que nous n'avons jamais travaillé dans des domaines très proches. Ses travaux sur les moteurs rotatifs ont commencé il y a très peu de temps par rapport aux caténanes, puisque son premier article date de 1999. C'était un très beau papier dans *Nature* où ils présentaient un moteur rotatif. Il fallait peut-être une journée pour qu'il fasse un tour ! Au cours des années, ils ont amélioré leur système de manière incroyablement spectaculaire avec des moteurs qui tournent maintenant à l'échelle de la microseconde. Ils peuvent être déposés sur des surfaces, incorporés dans des voitures moléculaires, etc.

Tu as mentionné un domaine qui vous a intéressés, ton équipe et toi, dès le départ : la topologie moléculaire. Qu'est-ce que c'est ?

J.-P. Sauvage : La topologie, c'est la science des objets infiniment déformables. Quand on est entrés dans ce domaine, nous avons eu l'occasion de discuter avec de grands topologues, en particulier Daniel Bennequin. Il nous a fait lire des choses simples, et ensuite nous avons essayé de présenter des objets dont la topologie était en trois dimensions tels les nœuds, comme les présenteraient des mathématiciens. Bien sûr, faire un nœud, c'est tellement trivial pour eux. Et un nœud de trèfle à trois croisements, cela les amuse de voir que des chimistes s'y intéressent.

B. Chaudret : Je voudrais revenir sur les déplacements des moteurs moléculaires, et surtout sur le sens de ceux-ci. Par exemple, une toupie sur une table peut tourner vers la droite ou vers la gauche. Le sens du mouvement est un paramètre très difficile à contrôler en chimie. Il y a eu par le passé des discussions homériques sur le fait que des objets qui tournaient n'étaient pas des moteurs, puisqu'ils pouvaient tourner aussi bien vers la droite que vers la gauche...

J.-P. Sauvage : Absolument, tu soulèves ici un point critique. Le laboratoire qui a produit les résultats les plus convaincants là-dessus est celui de Ben Feringa, car leur moteur rotatif est complètement orienté : il va tourner d'un même côté, qui est déterminé par les propriétés des groupes chimiques qu'ils utilisent pour fabriquer leur objet. Mais avec des caténanes et des rotaxanes, des anneaux enfilés sur un fil, c'est beaucoup plus difficile. Il y a donc encore du travail à faire.

Depuis tout à l'heure, tu nous décris une science qui se développe vraiment dans la synergie...

J.-P. Sauvage : Oui, synergie est le mot juste. D'ailleurs, en 2009, quand j'ai pris ma retraite du CNRS, l'université Northwestern (États-Unis)

m'a invité à les rejoindre sous l'impulsion d'un certain nombre de personnes, et certainement Fraser Stoddart le premier, pour me proposer de m'installer là-bas. Je n'ai pas accepté, à 65 ans ce n'est pas facile, mais j'ai eu pendant trois ans un poste à temps partiel qui me permettait d'interagir fortement et de travailler avec des étudiants ou des postdocs encadrés par Fraser Stoddart et moi-même. Le prix Nobel distingue une personne, mais il faut considérer que cela récompense une équipe avec ses connexions au niveau national ou international, un peu comme une araignée qui aurait tissé sa toile, et plus largement un domaine scientifique.

B. Chaudret: Le tien, avec ce prix Nobel, a désormais une visibilité internationale. Comment imagines-tu la suite?

J.-P. Sauvage: Il faut quand même reconnaître que ce domaine a acquis une visibilité assez remarquable au cours des années et cela a commencé avec les travaux de notre laboratoire. C'est pour cela que le comité Nobel nous a classés en premier, Fraser Stoddart en deuxième et Feringa en troisième. Ce n'est pas du tout une question de mérite, c'est la chronologie. Nos travaux dataient de 1983, ceux de Fraser Stoddart de 1989 ou 1990, et ceux de Feringa de 1999, mais leur contribution est absolument phénoménale. Très sincèrement, au cours des vingt dernières années, elle est plus forte que celle de mon équipe. Maintenant, où tout cela va-t-il mener ? Beaucoup de travaux ont été réalisés au niveau des molécules en solution, donc dans des mélanges dans lesquels 10^{18} moteurs moléculaires s'actionnent mais de manière non synchronisée. Je pense qu'à présent, il va être important de synchroniser les mouvements et de fabriquer des matériaux. Par exemple, fabriquer des « muscles » au niveau microscopique me semble extrêmement excitant et nous pourrons peut-être l'appliquer à la manipulation de petits objets ou de robots. C'est un bien grand mot, mais cela pourra être fait avec de petits objets en contractant et en étirant une matière molle, mais contrôlable, comme un muscle.

fig. Représentation d'une molécule transportée le long d'un microtubule par la kynésine, une protéine motrice capable de « marcher » le long de ces microtubules grâce à l'énergie fournie par l'ATP.

Existe-t-il des applications pour certaines de ces molécules ?

J.-P. Sauvage : Il y a déjà une application commerciale qui est le fruit d'un travail japonais breveté il y a une douzaine d'années. Ils ont fait des polymères qui comportent des rotaxanes. Ce sont des cyclodextrines, c'est-à-dire de très gros anneaux à l'intérieur desquels on peut enfiler des chaînes carbonées. Ces polymères sont très flexibles grâce aux anneaux enfilés. Et les chaînes peuvent se déplacer de manière très libre à l'intérieur des gros anneaux que sont les cyclodextrines. Cela conduit à des matériaux très intéressants. On produit des films extrêmement flexibles, qu'on peut comprimer et étirer et qui ne cassent pas. Des dizaines ou des centaines de milliers de téléphones portables, ceux à deux volets pliants, ont été recouverts avec ces films qui n'ont, paraît-il, jamais cassé malgré les sollicitations à la pliure. Je crois que c'est commercialisé au Japon et en Corée, par Samsung. C'est à ma connaissance la première application du domaine des caténanes et des rotaxanes.

Tu soulignais que les recherches sur les machines moléculaires, les caténanes, se sont étalées des années 1980 jusqu'aux années 2000, avec aujourd'hui encore des développements importants. Comment déroule-t-on des activités sur des durées aussi longues ?

J.-P. Sauvage : Quand Christiane Dietrich-Buchecker a essayé de créer un nœud moléculaire pendant quatre ans, ce fut un échec cuisant. Mais la cinquième année, tout d'un coup, nous avons vu la lumière au bout du tunnel. Quand on a patiné plusieurs années et qu'on obtient le résultat qu'on espérait, c'est un moment de bonheur intense. Le CNRS l'a permis en faisant confiance aux chercheurs et cela a conduit à des travaux remarqués. Je le dis même si ce n'est pas modeste. Aux États-Unis, cela aurait été presque impossible parce qu'il faut publier un ou deux ans plus tard.

Tu es aussi très investi sur la sensibilisation des jeunes à la science et à la chimie en particulier. Lors de ta visite en Suède, tu es même allé visiter des écoles...

J.-P. Sauvage : Oui en effet. Il y a quelques mois, nous avons reçu dans notre institut des élèves d'un collège de banlieue qui se trouve en zone d'enseignement prioritaire (ZEP). Devant une vingtaine de jeunes intéressés par la science, j'ai fait un exposé avec débats et questions, puis Jean-Marie Lehn a pris le relais. En Suède, la fondation Nobel m'a proposé de visiter trois lycées et un collège dans une banlieue de Stockholm qui avait assez mauvaise réputation. Les discussions avec l'ensemble de ces jeunes furent des expériences formidables. J'ai l'impression que le message est bien passé, même si ce fut plus difficile avec les collégiens à cause du vocabulaire. Cela permet surtout de donner, ou d'essayer de donner, une image sympathique de la science. ◀

Les habits neufs de l'antiterrorisme

Henry Laurens

l'auteur Henry Laurens est historien, professeur au Collège de France, titulaire de la chaire « Histoire contemporaine du monde arabe ». Il a également enseigné à la Sorbonne et à l'Institut national des langues et civilisations orientales (Inalco). Auteur de plusieurs ouvrages de référence sur le monde arabo-musulman, il est par ailleurs membre du comité de rédaction (conseil scientifique) de la revue *Maghreb - Machrek*.

le livre *L'Orient dans tous ses états*, CNRS Éditions, 2017, 754 p., 25 €

Illustration d'après photo P. Imbert/ Collège de France

Dans son ouvrage, *L'Orient dans tous ses états*, paru en avril chez CNRS Éditions, quatrième volet de ses *Orientales*, Henry Laurens s'interroge, entre autres, sur le sens et les enjeux de l'antiterrorisme. Peut-on combattre la violence par la violence ? Entre prévention et répression, la lutte contre le terrorisme a une longue histoire derrière elle.

« Il est bien connu qu'il est difficile de définir le terrorisme. Pour les juristes, il a la particularité de désigner un but (terroriser) et non une valeur à protéger (l'incrimination de vol renvoie à la protection de la propriété, celle de meurtre au droit à la vie). En fait, il s'en prend tout aussi bien aux personnes, aux biens qu'à la fonction plus générale de l'État d'assurer la sûreté définie par la Déclaration des droits de l'homme et du citoyen de 1789 comme étant l'un des quatre droits naturels et imprescriptibles de l'homme (la liberté, la propriété, la sûreté et la résistance à l'oppression). On voit immédiatement qu'il peut y avoir une contradiction entre la sûreté et le droit de résistance à l'oppression, mais sous la Révolution française, c'est la sûreté qui a légitimé le recours à la terreur contre les ennemis de la révolution.

L'évolution historique du terme « terrorisme » est significative. Pendant son premier siècle d'existence, il a servi à désigner la terreur exercée par l'État contre ses adversaires aussi bien dans une logique révolutionnaire (la terreur dite robespierriste) que contre-révolutionnaire (la terreur dite blanche). Le terrorisme a d'abord été le recours à des procédures d'exception, c'est-à-dire limitant ou supprimant radicalement les libertés publiques et les garanties judiciaires pour aboutir à un pur arbitraire meurtrier. Cet usage se retrouve par exemple dans l'expression « terreur stalinienne ».

Ce n'est qu'à la fin du XIXe siècle que le concept de terrorisme a servi à définir la violence exercée contre les personnes, les biens et l'appareil d'État. Les premières occurrences concernaient les anarchistes qui s'en prenaient aux symboles de la société bourgeoise et aux révolutionnaires russes qui attaquaient les représentants du pouvoir tsariste. Le tout se faisait en revendiquant la résistance à l'oppression.

Ces formes de terrorisme renvoyaient alors aux traditions très anciennes du tyrannicide, de la conspiration / conjuration et du carbonarisme. Dès la fin du XIXe siècle, un terrorisme / carbonarisme s'est étendu de la Méditerranée à la Chine dans une logique révolutionnaire d'inspiration plutôt nationaliste. C'est le moment où la révolution quitte l'Europe. Le terrorisme a alors surtout été relié aux luttes d'émancipation contre la domination coloniale et aux violences entre communautés nationales dans des empires en décomposition. Il est très secondaire dans les luttes sociales même à vocation révolutionnaire.

C'est dans l'entre-deux-guerres que naît spécifiquement l'antiterrorisme comme corpus juridique. Il s'inscrit dans la continuité de la loi martiale et de l'état d'urgence. Il s'agit bien de la répression de crimes politiques commis contre l'État, ses représentants et de façon plus générale contre la société (des civils dits innocents). Un acte d'intimidation commis dans une intention purement crapuleuse (par exemple par une mafia) n'est normalement pas assimilable à un acte de terrorisme même si les cibles peuvent être de même nature (par exemple un représentant de l'État). Il est vrai qu'aujourd'hui, dans certains cas, la différence semble de plus en plus difficile à établir (le narcoterrorisme).

Par nature, l'antiterrorisme, au nom de l'efficacité, limite ou abolit les libertés et les garanties judiciaires. Dans les sociétés démocratiques, il est le fruit d'un arbitrage entre la sûreté et la liberté, plus de l'une conduisant à moins de l'autre en ce qui concerne la société en général. Le terroriste lui-même est un combattant illégal qui commet des actes illégaux. L'antiterrorisme s'inscrit dans une tradition juridique qui postule que l'illégitimité d'une violence correspond à l'illégitimité d'une cause.

Dès le XIXe siècle, la question s'est posée de la validité juridique de la « petite guerre », désignant l'ensemble des actions militaires autres que la bataille rangée, allant des actions de reconnaissance aux attaques sur les arrières de l'ennemi, comprenant harcèlement et guérilla menés par des « partisans ». Très souvent ce sont des civils, dans un contexte de soulèvement populaire, qui ont pris les armes, d'où le glissement de sens des termes comme francs-tireurs et partisans, qui en viennent à désigner des civils armés et donc des combattants illégaux. Du point de vue purement juridique, dans l'Europe occupée de la Seconde Guerre mondiale où il y avait eu des capitulations et des armistices, l'ensemble des résistants pouvait être considéré comme composé de « combattants illégaux » dénués de protection juridique. Il pouvait en être de même pour les « commandos » venus pourtant d'armées régulières.

On s'est ainsi trouvé face à la question de la validité d'une cause qui, aussi bien nationale que révolutionnaire, impliquait un basculement dans l'illégalité du point de vue de la conception traditionnelle du droit de la guerre. Il en a été de même dans les guerres de décolonisation où le rôle des partisans a été essentiel. Reconnaître la qualité de belligérant légitime à celui qui combat l'ordre colonial est déjà une victoire essentielle pour l'intéressé. Pour son adversaire, il faut maintenir le plus longtemps possible la criminalisation de « combattant illégal », car cela permet de légitimer la lutte que l'on mène contre lui.

Il en résulte que ces guerres ont en général été menées en violation des lois de la guerre. La perspective dominante a été celle de la contre-insurrection, d'abord définie par les militaires français de la guerre d'Algérie. Il s'agit de confondre dans une même action les opérations militaires et les opérations de police en utilisant à la fois la terreur et les incitations matérielles diverses afin de faire basculer les populations civiles du soutien à la guérilla à l'acceptation de l'ordre politique. On éradiquera toute l'organisation clandestine de l'ennemi tout en apportant des services divers aux populations concernées. Cela aboutit ainsi au COIN *(counter insurgency)*, défini ainsi par le général Petreus : « Gagner les cœurs signifie persuader la population que leur meilleur intérêt est servi par les succès des contre-insurgés. Gagner les esprits signifie que la force peut les protéger et que la résistance est inutile. » La contre-insurrection tend ainsi à accepter et à récupérer une partie des buts de guerre de l'autre partie.

Ceux qui sont désignés comme terroristes se définissent en général comme résistants et révolutionnaires. Dans le monde arabe, après la guerre de juin 1967, le mouvement national palestinien s'est revendiqué des deux références, se donnant ainsi une double justification du recours à la violence. Les Palestiniens ont introduit dans l'Orient arabe contemporain l'idée de résistance, celle de révolution étant déjà un référent depuis la prise de pouvoir par les Officiers libres en Égypte en 1952. Face à cette résistance, Israël a criminalisé toutes les formes d'opposition, aussi bien pacifique que combattante, à son occupation des territoires arabes. Il s'est appuyé pour cela sur l'arsenal juridique hérité du mandat britannique.

La fonction première de l'antiterrorisme est de délégitimer l'ennemi en lui refusant tout caractère politique. C'est bien pour cela que les forces politiques qualifiées de terroristes rejettent cette appellation et en renverse la qualification : elles combattent un terrorisme d'État défini comme plus meurtrier que le leur.

Tel est le paradoxe de l'antiterrorisme : le terrorisme, bien qu'utilisant en général la totalité des moyens qui sont à sa disposition, tue relativement peu car sa capacité de frappe est faible. Inversement l'antiterrorisme, qui dispose des moyens d'un État et d'un système militaire moderne, tue beaucoup plus. Dans une première phase, les victimes de l'antiterrorisme sont le produit d'une logique de dissuasion et de sanction, comme le montrent les actions israéliennes au Liban. Aujourd'hui, ce type de justification paraît de moins en moins admissible et les inévitables dégâts collatéraux servent de recours et de légitimations.

La règle générale, depuis la Seconde Guerre mondiale, est que l'antiterrorisme et la contre-insurrection tuent bien plus de gens, plutôt des populations civiles, que le terrorisme et l'insurrection. Du fait de l'existence d'un « terrorisme international » à vocation publicitaire et mercenaire dans les années 1970, la date-clé étant l'affaire des Jeux olympiques de 1972, il est assez vite apparu toute une industrie académique ou pseudo-académique du terrorisme. Ils ont ainsi créé une entité multiforme, d'abord accusée d'être manipulée par les services du bloc soviétique puis dans les années 1980-1990 par des mouvements islamistes jihadistes.

Du côté américain, le discours sur le terrorisme a progressivement relégué celui sur la contre-insurrection pratiquée lors des guerres de décolonisation et du Vietnam selon lequel la violence des insurgés s'appuyait sur des griefs réels, d'où la possibilité d'agir rationnellement et de pratiquer une contre-insurrection. Le discours nouveau sur le terrorisme définit l'ennemi comme étant totalement irrationnel, pathologique et donc l'expression du mal. Le seul horizon est celui de l'éradication et cela débouche sur la guerre contre la terreur après le 11 septembre 2001. Le terrorisme ne pouvant être accepté en tant qu'adversaire légitime, il se trouve souvent défini comme étant le produit d'une association criminelle (d'où le problème du « loup solitaire ») visant des populations civiles afin d'intimider des États ou des sociétés dans des buts politiques. Le problème est que bien des actes terroristes visent non des civils mais des militaires et des policiers. Ils sont pourtant comptabilisés comme terroristes dans les publications officielles, notamment celles du Département d'État américain.

Il n'est pas question ici de rappeler les origines du jihadisme international. Il a été la réponse sunnite radicale à la révolution iranienne de 1979 et s'est construit dans le cadre de la lutte contre les Soviétiques en Afghanistan. Ben Laden s'est largement inspiré de la théorie guevariste du foyer révolutionnaire à multiplier partout afin de disperser et d'épuiser les forces de l'impérialisme. Après le 11-Septembre, le jihadisme a trouvé les moyens de s'étendre du Pakistan jusqu'à la Méditerranée, par un système dit de « franchises » réussissant à conjuguer un recrutement en zones tribales avec celui venu des « banlieues de l'islam », c'est-à-dire des musulmans vivant en pays occidentaux et souvent des convertis de fraîche date.

Le printemps arabe de 2011 a donné un nouvel élan au jihadisme, non pas que les révolutionnaires s'en inspirassent, mais du fait des répressions et des effondrements d'État. Le facteur essentiel a été la révolution syrienne et la terrible répression menée par le régime baathiste, le facteur secondaire a été l'effondrement de l'État libyen.

On est alors retourné aux logiques des implications et des ingérences selon le schéma ternaire que j'avais proposé en 2005. On a l'État et l'étranger contre sa société, on a l'étranger et la société contre l'État, on a la société et l'État contre l'étranger. En même temps, le monde sunnite s'est divisé entre partisans et adversaires des Frères musulmans. Même si on a appelé, au moins temporairement, les adversaires des Frères musulmans les « libéraux », il n'y a pas eu de *« kulturkampf »*, c'est-à-dire de guerre culturelle entre partisans d'une vision religieuse de la société et défenseurs d'une modernité porteuse de sécularisation, en tout cas pour le moment.

Ces dernières années, les appareils d'État du Moyen-Orient juxtaposent deux vocabulaires distincts. Le premier est celui de l'antiterrorisme avec ce qu'il comporte de criminalisation de l'ennemi : c'est le vocabulaire de l'axe de l'alliance des minorités qui l'utilise pour définir l'ensemble de ses ennemis, en particulier en Syrie et en Irak, mais c'est aussi celui du régime du maréchal Sissi en Égypte qui s'en sert pour désigner tout aussi bien les authentiques jihadistes que la totalité des Frères musulmans. Dans l'affaire yéménite, en revanche, l'alliance saoudienne utilise plutôt la qualification de « rebelles » pour désigner les houthistes et leurs alliés et, curieusement, celle de « résistance » pour définir le camp opposé censé avoir conservé la légitimité étatique.

Le deuxième a recours au vocabulaire religieux. Les Chiites utilisent à juste titre la désignation de takfiriste (celui qui refuse la qualification de musulman à son adversaire) pour désigner l'autre camp, c'est-à-dire les sunnites radicaux. Les adversaires sunnites des Frères musulmans reprennent les qualifications de radicalisation/exagération ainsi que l'accusation de retour au kharijisme (ceux qui sont sortis de la communauté pour pouvoir la combattre). On mélange ainsi un vocabulaire emprunté au droit et à la science politique avec un autre d'origine théologique.

Dans cette confusion, il ne peut pas y avoir une opposition binaire, mais plutôt un camp de minoritaires soutenu par l'Iran et un fractionnement de la majorité sunnite en plusieurs factions plus ou moins opposées. En même temps, l'État islamique a repris le flambeau du jihadisme conduisant ainsi à des possibilités d'alliances improbables, par exemple avec les anciens d'Al-Qaïda contre les houthistes, l'État islamique ou le régime de Bachar el-Assad. Il y a surtout maintenant une inadéquation entre les définitions juridiques du terrorisme en tant qu'association criminelle de deux personnes ou plus, et les réalités du terrain. Trois mouvements au moins, définis partiellement ou totalement comme terroristes, sont largement des contre-sociétés, voire des quasi-États : le Hamas, le Hezbollah et l'État islamique. Ils ont un territoire, une administration et une armée qui peut comprendre du matériel lourd. Ils sont même largement au-delà des mouvements classiques de guérilla.

Aussi abominable que soit l'État islamique, l'accusation de terrorisme à son encontre paraît inadéquate (mais non celle de crimes contre l'humanité). Daesh reprend le schéma de la guerre révolutionnaire menée durant la Seconde Guerre mondiale, puis en Chine et en Indochine : détruire par la violence les soutiens explicites ou implicites de l'ennemi et agir tout aussi bien par intimidation que par offre de protection, voire de services publics, à des populations abandonnées. Il faut en plus un référent mobilisateur puissant, jadis la libération nationale et la révolution, aujourd'hui le califat.

Derrière les habits neufs de l'antiterrorisme et du terrorisme, on se trouve pris entre les improbables solutions politiques et les impossibles éradications, au moins dans l'actuelle configuration des forces. Bien entendu, l'effondrement toujours possible et encore plus souhaitable du régime de Bachar el-Assad permettrait de rouvrir le champ des possibles et de conduire à une clarification des enjeux et des rapports de force. »

Le supplice de la roue

Le caoutchouc doit parler ! Depuis le début du XXe siècle, les chimistes de l'Office national des recherches scientifiques et industrielles et des inventions tentent de comprendre l'altération des produits caoutchoutés avec le temps. La maîtrise du matériau est alors stratégique sur le plan économique et militaire. Vers la fin des années 1920, les chercheurs français construisent cet appareil rotatif afin d'accélérer les études sur le caoutchouc. La roue soumet chaque échantillon, épinglé à sa circonférence, à l'action des rayons ultra-violets, à l'humidification et à la déshydratation. Le dispositif est remarqué par les industriels lors de l'Exposition internationale du caoutchouc de 1927.

« La santé mentale est une question sociale » *Alain Ehrenberg*

Depuis plus de vingt ans, le sociologue Alain Ehrenberg, auteur de *La Fatigue d'être soi* [1], s'intéresse aux questions de santé mentale, notamment à travers la problématique des psychotropes et de la dépression. *Carnets de science* l'a rencontré.

entretien réalisé par Francis Lecompte
lieu domicile du chercheur, à Paris
mots-clés santé mentale, psychiatrie, action publique, individualisme, malaise

Il a commencé son parcours universitaire par les sciences de la gestion et les sciences économiques, mais ce sont ses travaux en sociologie qui ont fait d'Alain Ehrenberg, né en 1950, l'un des chercheurs les plus écoutés sur l'individualisme dans la société contemporaine. En trois ouvrages majeurs, *Le Culte de la performance* (paru en 1991), *La Fatigue d'être soi* (1998) et *La Société du malaise* (2010), ce sociologue au Centre de recherche médecine, sciences, santé, santé mentale, société (Cermes3) [2], a montré comment l'autonomie toujours plus importante que la société exige des individus a conduit à faire émerger une sensibilité beaucoup plus forte à la souffrance psychique. Ce rapprochement de la sociologie et de la maladie mentale lui a valu d'être nommé, en octobre 2016, président du Conseil national de la santé mentale (CNSM). Dans son bureau, qui occupe la place centrale dans son appartement, face au jardin du Luxembourg, à Paris, il détaille les enjeux de cet engagement au regard de son travail sociologique.

Vous avez pris la présidence du nouveau Conseil national de la santé mentale (CNSM). Pourquoi ce conseil a-t-il été créé ?

Alain Ehrenberg : Cette création a été décidée par Marisol Touraine, alors ministre des Affaires sociales et de la Santé, dans la foulée de la loi de modernisation du système de santé votée en janvier 2016, dont plusieurs articles sont consacrés à la « politique de santé mentale et d'organisation de la psychiatrie ». L'enjeu de la loi est de concevoir l'action publique en matière de psychiatrie et de santé mentale non plus dans le cadre de plans successifs, mais dans celui d'une politique globale et d'un pilotage à long terme. L'action publique était organisée sur une base territoriale répartissant la prise en charge entre trois grands acteurs : le sanitaire d'abord, c'est-à-dire les centres de soins, les hôpitaux, les cliniques ; ensuite le médico-social, par exemple les maisons d'accueil spécialisées pour personnes handicapées ; et enfin le social, soit les structures d'aide aux familles, au logement, à l'éducation, etc. Tous les rapports publiés depuis une quinzaine d'années soulignent qu'en raison de ce découpage, les patients atteints de pathologies au long cours subissent des ruptures de parcours, qui sont nuisibles à leurs traitements. Ce constat a conduit à définir une nouvelle politique centrée sur l'individu et sa trajectoire. La loi prévoit que l'ensemble des acteurs d'un territoire à délimiter s'associent sur la base d'un diagnostic partagé, puis d'un projet, enfin d'un contrat territorial qui doit prévoir un panier de soins et de services minimaux. Le projet est élaboré à l'initiative des professionnels et il est accompagné par l'Agence régionale de santé. À partir du moment où l'on parle de politique globale et de pilotage à long terme, la création d'un tel conseil prend tout son sens pour suivre l'action publique et donner des orientations ou des avis.

Comment avez-vous envisagé la mission de ce conseil ?

A. Ehrenberg : Dans la mesure où le spectre des problèmes regroupés sous le qualificatif « santé mentale » va des schizophrénies au « malaise dans la société » et au « bien-être », en passant par les dépressions, les troubles anxieux et les addictions, il est nécessaire de se confronter à des questions comme : quelles sont les finalités d'une politique de santé mentale ? Comment les articuler ? Où sont les priorités ? Dans quels cas vaut-il mieux adopter des mesures ciblées et dans quels cas des mesures générales ? Ce sont là des interrogations récurrentes et centrales dans l'accompagnement politique du changement. Elles se posent d'autant plus que, j'insiste, ce domaine de la santé mentale est très hétérogène, ses limites fort incertaines et qu'il se montre assez conflictuel – pensez aux « guerres des psys » qui ont vu régulièrement depuis une quinzaine d'années s'affronter les partisans du « sujet parlant », du côté de la psychanalyse, et les partisans du « sujet cérébral », du côté des neurosciences. Les premiers accusent les seconds de réductionnisme, les seconds accusant les premiers de culpabiliser les patients et leurs familles. L'enjeu pour le conseil est, me semble-t-il, qu'il soit reconnu à terme comme un magistère ou une autorité morale. Ce n'est évidemment pas gagné d'avance.

On peut s'étonner de retrouver un sociologue à la tête de ce conseil. Qu'est-ce qui a motivé la ministre à vous en confier la direction ?

A. Ehrenberg : Je ne suis pas dans les secrets du pouvoir, mais la proposition de nommer un sociologue tient sans doute à l'extrême hétérogénéité des problèmes dits « de santé mentale », qui ne sont plus seulement des problèmes de psychiatrie et de pathologie, mais encore des questions sociales qui traversent toute la société. Je ne suis pas le seul, parmi les soixante-quinze membres du conseil, à ne pas venir du monde de la santé mentale, puisqu'il réunit également des chercheurs en sciences sociales, des spécialistes de la famille et des acteurs engagés dans le secteur social (hébergement, précarité)... Encore une fois, ces problèmes vont des schizophrénies au malaise dans la société. Disons que la maladie mentale était un enjeu pour la psychiatrie, mais que la santé mentale est un enjeu pour la société, qui concerne autant l'entreprise – je pense à la souffrance au travail – que l'école, avec la phobie scolaire et les troubles du comportement, ou

[1] *La Fatigue d'être soi. Dépression et société,* Odile Jacob, 1998.

[2] Unité CNRS/Inserm/École des hautes études en sciences sociales/Université Paris Descartes.

fig. Alain Ehrenberg est sociologue au Centre de recherche médecine, sciences, santé, santé mentale, société (Cermes3).
© D. Grenon/Photo12

encore la famille. On a autant affaire à des pathologies qu'à des maux sociaux. Tout s'intrique. Et le sociologue n'étant ni psychiatre ni praticien de la prise en charge, il y a moins de risques que sa nomination divise le milieu professionnel.

De par votre propre expérience, vous sembliez tout désigné pour assumer ce rôle…

A. Ehrenberg : Toutes mes recherches ont porté sur les transformations de l'individualisme sous la pression d'une société qui exige de plus en plus d'autonomie de la part de l'individu – ce que j'appelle la société de l'autonomie-condition. Ce sont des questions sur lesquelles les sciences sociales étaient peu présentes. Mon premier travail *(Le Culte de la performance)* décrivait les transformations de l'égalité à travers l'ascension des valeurs de la compétition et de la concurrence en France. En 1991, on m'a proposé de prendre la responsabilité d'un programme sur les drogues et les substances psychoactives pour les sciences sociales au sein d'une association créée par le ministère de la Recherche, l'Association Descartes. À partir de là, j'ai fait créer un groupement de recherche « Psychotropes, santé mentale, société », puis le Cesames, unité mixte du CNRS et de l'Université Paris Descartes, qui s'est associée à l'Inserm en 2004. Nos travaux ont montré que les frontières entre les fonctions thérapeutiques des psychotropes et les fonctions dites de confort (pour lutter contre le stress, la fatigue, la pression…) n'étaient pas aussi marquées qu'on voulait bien le croire, qu'il y avait derrière leur usage des syndromes relevant de questions de société. Notre unité de recherche a donc été reconnue autant par les sciences sociales que par la recherche biomédicale. Nous disposons aujourd'hui en France d'un véritable milieu scientifique sur ces questions, qui est bien inséré dans la recherche internationale. Parallèlement, j'ai publié des livres sur des sujets qu'on appelle de santé mentale (la drogue et les médicaments psychotropes, la dépression) en les abordant sous l'angle des transformations des « représentations collectives » de l'être humain en société, pour reprendre l'expression de Durkheim.

Les changements dans la société, marquée de plus en plus par l'individualisme, ont, vous le montrez dans nombre de vos travaux, des répercussions sur la santé mentale…

A. Ehrenberg : L'individualisme contemporain est imprégné par les représentations collectives de l'autonomie, qui ont commencé à se diffuser au cours des années 1960-1970 et à influencer l'ensemble des relations sociales à partir des années 1980. Valorisation forte de la liberté de choix, de l'initiative individuelle, de l'innovation et de la créativité, de la transformation de soi, etc., tous ces idéaux placent l'accent sur la capacité à agir de l'individu. Le passage du travail divisé au travail flexible dans l'entreprise en est l'épicentre. La discipline change alors de sens : elle vise à obtenir de la part des salariés de l'initiative individuelle, et donc des capacités à s'*auto*motiver, qu'il s'agisse de travailler ou de retrouver un travail. Elle tend donc à l'*auto*discipline. Dans la discipline, l'équation personnelle est faible, dans l'autonomie elle est forte. Ce changement global se marque dans nos sociétés par la diffusion de nouvelles formes de régulation des conduites : là où il s'agissait de rendre les individus utiles parce que dociles, il s'agit aujourd'hui de développer leurs capacités à s'autoactiver et à s'autocontrôler.

De quelle façon cette injonction à l'autonomie se traduit-elle sur la santé mentale ?

A. Ehrenberg : Le préfixe « auto » et les capacités évoquées nous conduisent à la centralité de la santé mentale et, à travers elle, au souci collectif pour les émotions, c'est-à-dire tout le vocabulaire du contrôle émotionnel et pulsionnel, de l'intelligence émotionnelle, des compétences de caractère, etc. Une nouvelle morbidité qui ne relève plus seulement du domaine de la maladie mentale, mais de celui, général, de la vie sociale s'est progressivement instituée comme un enjeu majeur dans le travail, l'éducation et la famille. Cette morbidité met en lumière deux changements profonds. Le statut du symptôme d'abord, puisque le trouble mental est l'expression d'une difficulté liée à la socialisation et que les critères du fonctionnement social deviennent essentiels. Le second changement est que le style du malheur se modifie : le sentiment de ne pas être à la hauteur des attentes, de ne plus pouvoir se mobiliser pour assurer. La capacité à agir et à se projeter dans l'avenir est au cœur des difficultés du sujet – c'est la panne de l'action que la dépression incarne. La santé mentale n'est alors pas l'opposé de la maladie, elle est un équivalent de la bonne socialisation, parce qu'être en bonne santé mentale, c'est être capable d'agir par soi-même de façon appropriée, autrement dit, de s'autoactiver en montrant assez d'autocontrôle émotionnel.

Comment s'inscrit cette capacité à l'autonomie dans le cadre d'une politique de santé globale ?

A. Ehrenberg : Les problèmes de santé mentale ne sont plus seulement des problèmes spécialisés de psychiatrie et de psychologie clinique, mais ils sont devenus aujourd'hui des questions sociales. De même, beaucoup de questions sociales sont désormais envisagées du point de vue de la santé mentale. La souffrance au travail ou les troubles de l'hyperactivité et de l'attention, par exemple, étaient considérés comme des pathologies qu'il fallait soigner. Ils sont maintenant envisagés comme des raisons d'agir sur des relations sociales troublées. Mieux, on les place au centre de débats moraux et politiques sur la valeur de nos relations sociales : c'est le thème du malaise dans la société. En mettant en relief une dimension émotionnelle qui était marginale auparavant, ces questions de santé mentale sont devenues, au-delà des pathologies psychiatriques, des soucis transversaux à toute la société. Il faut raisonner sur ces problèmes en termes d'action et de passion, au sens du *pathos*, du subi, de la souffrance. À ces changements dans la manière d'agir, correspondent des changements dans la manière de subir. Dans ce contexte, l'action publique consiste à développer une organisation sociale centrée sur le parcours individuel, une organisation bien plus individualiste donc que celle de la société industrielle. Ce sont là des défis centraux de nos sociétés, qui concernent toutes les sphères de la vie sociale, la santé mentale comme le travail. La question de la façon dont on protège les gens aujourd'hui doit se formuler dans les termes du développement aussi large que possible des capacités individuelles. Elle implique de penser non en termes de statut (protecteur) mais de parcours (sécurisé), indépendamment du statut de la personne. C'est tout l'enjeu du Compte personnel d'activité de la loi El Khomri.

Cette nouvelle manière de penser concerne-t-elle aussi les personnes atteintes de maladies mentales lourdes ?

A. Ehrenberg : Oui, parce que ces patients sont désormais traités en ambulatoire, c'est-à-dire qu'ils vivent dans la cité, hors du système hospitalier. Cette situation implique qu'ils soient dotés d'un minimum de compétences sociales, que les traitements intègrent. À partir des années 1980, les cliniciens constatent que de nombreux patients stabilisés sur le plan symptomatique ou, si l'on veut, guéris des symptômes, font preuve d'un mauvais fonctionnement social. Ils n'ont plus, par exemple, d'hallucinations, mais sont incapables d'établir des relations avec les autres. Ils sont dehors comme à l'asile. À partir de ce moment, le fonctionnement social devient un élément de la pathologie et donc une cible des traitements. Les approches biomédicales vont jusqu'à définir la schizophrénie comme une pathologie de la « cognition sociale ». On voit ainsi se développer des pratiques dites de réhabilitation. Elles consistent en un accompagnement de l'individu qui cherche à « agir *avec* lui » plutôt qu'à « agir

sur lui ». Elles privilégient, d'autre part, ce que la langue anglaise appelle l'*enhancement*: l'enjeu n'est plus de combattre une pathologie, mais d'augmenter un potentiel, de développer le plus largement possible les capacités de l'individu. La guérison est en même temps conçue comme un « rétablissement », c'est-à-dire comme la possibilité de vivre malgré le mal (la persistance des symptômes). Ces pratiques reprennent une idée clé de la psychanalyse ou des approches psychodynamiques : l'individu, et non le thérapeute, est l'agent principal de son propre changement.

Ces pratiques pourraient-elles se généraliser ?

A. Ehrenberg : Des travaux épidémiologiques sur l'évolution de patients atteints de schizophrénie montrent que cette évolution se vérifie chez une part non négligeable d'entre eux. La démence n'est plus la fin inéluctable de la folie. Le mot « espoir » entre dans le vocabulaire de la schizophrénie. Des psychiatres pratiquant des psychothérapies décrivent des personnes vives, alertes, intelligentes. Elles s'en sortent par une inventivité personnelle, un mécanisme que la psychiatrie classique appelait « mécanisme de restauration » qui leur permet d'atteindre un certain équilibre. Deux grands journaux scientifiques américains donnent la parole aux patients en publiant des articles directement écrits par eux. Ceux-ci montrent à la fois la diversité des formes de la maladie et celle des solutions imaginées par les malades pour vivre avec elle. Un patient d'Eugen Bleuler, le psychiatre suisse qui a inventé et introduit dans le vocabulaire psychiatrique les termes de schizophrénie et d'autisme, lui a un jour déclaré : *« Dans mon monde, je suis tout-puissant, mais dans le vôtre, je pratique la diplomatie. »* Il faut mentionner aussi le développement des « pairs-aidants », c'est-à-dire des personnes rétablies jouant un rôle d'entraide, qui est thérapeutique. Grâce à ce type d'initiatives qui se multiplient depuis une dizaine d'années, cette nouvelle façon d'envisager les soins, fondée sur le développement des capacités, se répand

fig. *Mélancolie,* 1894-1895, Edvard Munch, huile sur toile, Bergen Art Museum, Norvège.

peu à peu. Mais elle ne pourra pas se généraliser tant que le parcours des patients sera marqué par les inégalités entre les territoires et l'absence de coordination entre les partenaires. C'est le sens de l'action publique aujourd'hui : passer à une politique de santé mentale plus homogène.

Justement, revenons au Conseil de la santé mentale. Pouvez-vous nous en dire plus sur les sujets qui vont y être abordés ?

A. Ehrenberg : Pour le moment, l'essentiel de la charge de travail est pris par les avis à donner sur des actions ciblées ou par leur suivi. Nous avons notamment examiné une proposition du rapport « Mission bien-être et santé des jeunes », remis au président de la République en novembre 2016, consistant à donner la possibilité à des jeunes, entre 11 et 21 ans, de suivre gratuitement dix séances de psychothérapie en libéral par un psychologue et deux séances d'aide à la parentalité pour leurs parents. Cette proposition sera expérimentée pendant trois ans et suivie par les membres du conseil. Le projet stratégique du conseil a, quant à lui, identifié trois sujets de long terme qui seront traités par trois commissions ad hoc dans les années qui viennent. La première commission, « Bien-être et souffrance psychique de la grossesse à l'âge adulte », abordera la santé mentale des enfants, des adolescents et des jeunes adultes comme un investissement d'avenir (pour la santé mentale et la socialisation de l'adulte, jusqu'au sujet âgé). Celle-ci dépend autant de politiques de santé mentale spécifiques que de politiques publiques non spécifiques, dont celles de lutte contre les inégalités, la pauvreté et la précarité qui sont autant de facteurs généraux de la mauvaise santé mentale. Nous souhaitons placer l'accent sur la périnatalité (le fœtus dans ses dernières semaines et la première semaine du nouveau-né) et la petite enfance. La deuxième commission, « Accès aux soins et accompagnements, diversité et complémentarité des pratiques : développer des parcours coordonnés », a pour enjeu majeur de passer d'un système encore trop centré sur (et pensé par) les établissements, qu'ils soient sanitaires, médico-sociaux ou sociaux, à un système centré sur et pensé avec la personne dans toutes ses dimensions. La troisième commission, « Précarités et vulnérabilités », réfléchira à l'évolution des dispositifs multiples en direction de la santé mentale des personnes en situation de précarité, dans un contexte où les liens entre santé mentale et précarité restent peu problématisés et où l'approche de la précarité est souvent centrée sur des segments (de population/de dispositif/de « façon de voir ») alors que celle-ci est protéiforme et évolutive.

Vol de nuit vers Orion

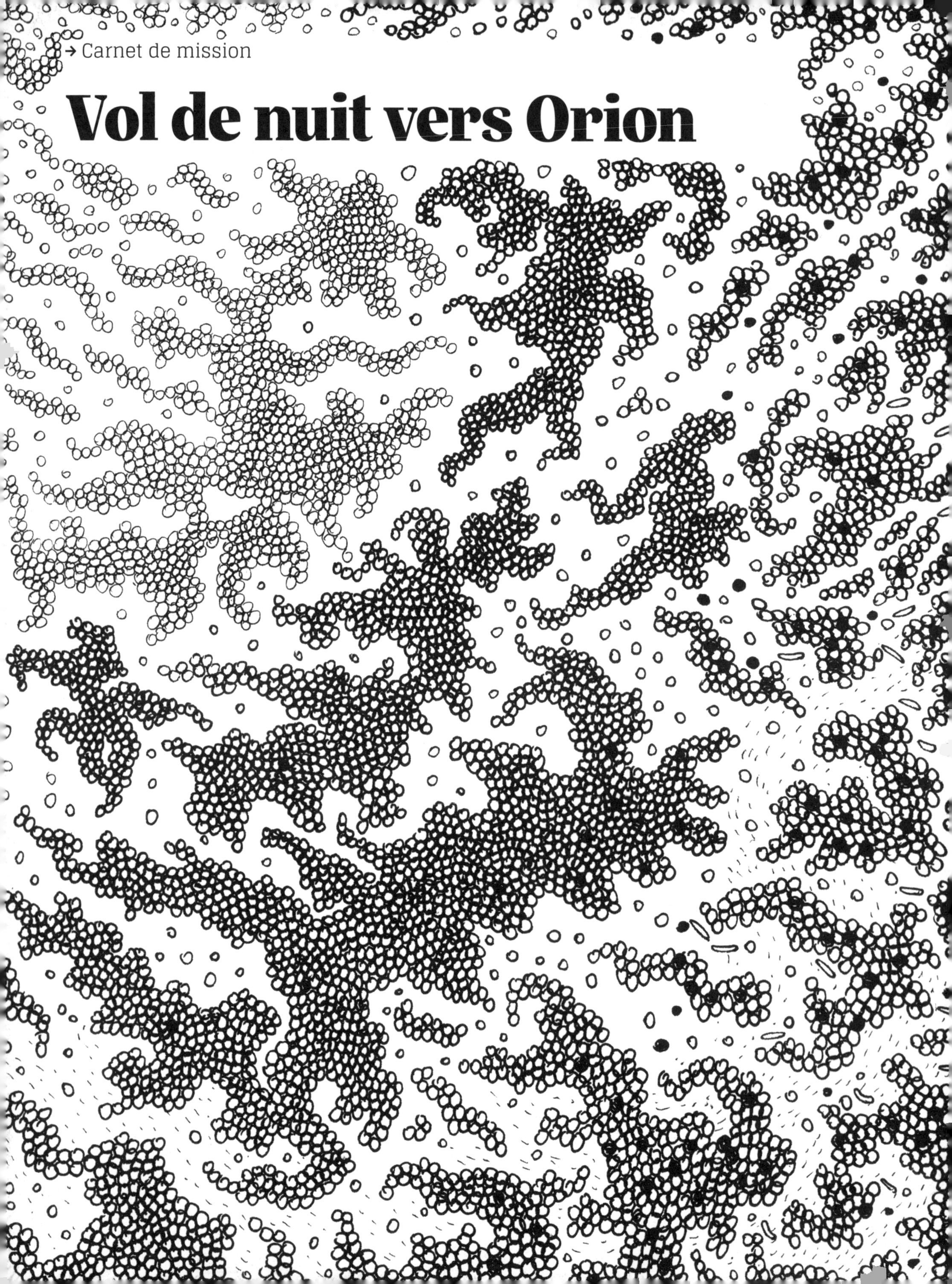

date février 2017
lieu base de la NASA, Palmdale, Californie
l'auteur Olivier Berné est astrophysicien à l'Institut de recherche en astrophysique et planétologie (Irap) de Toulouse [1]. Il travaille sur la physique du milieu interstellaire et l'astrochimie des macromolécules carbonées.
article écrit avec Nicolas Baker
photos : N. Baker/CNRS Photothèque, ESO/H. Drass *et al.* (Orion)
à voir https://lejournal.cnrs.fr/node/1485

[1] Unité CNRS/Université de Toulouse Paul Sabatier.

En février, l'astrophysicien Oliver Berné a séjourné pendant une semaine sur la base de la NASA de Palmdale, en Californie. Sur des vols en haute altitude, la nuit, il a pris des images de la grande nébuleuse d'Orion grâce à un télescope de 2,5 mètres. Les images obtenues seront analysées et rendues publiques en octobre 2017. L'objectif est d'aboutir à la réalisation d'une carte inédite de la nébuleuse. Pour *Carnets de science*, le chercheur raconte cette mission spéciale. Attention, embarquement immédiat pour les étoiles…

#01 | Arrivée à la base de la NASA

Apollo Avenue. Columbia Way. Lockheed Way. Les panneaux verts et blancs des rues rappellent que la ville de Palmdale a joué un rôle capital dans l'aventure aéronautique et spatiale états-unienne. À première vue, Palmdale semble pourtant n'être qu'un enchaînement de zones commerciales et de parkings. Je continue ma route à bord de la Dodge Charger que j'ai louée à l'aéroport de Los Angeles. Petit à petit, le défilé des enseignes franchisées laisse place à un paysage plus dégagé. La ville s'ouvre sur le désert des Mojaves, une vaste plaine aride ponctuée de yuccas. Je m'attends à voir passer un de ces buissons roulants, clichés des westerns.

Bientôt, sur ma gauche je devine une base aérienne. Des avions, militaires pour la plupart, sont exposés à la vue de tous. Ils ont soit été construits ici, soit testés en vol par les pilotes de Palmdale. Un des engins attire particulièrement le regard : le *Blackbird*, un avion espion noir, effilé, furtif. Véritable avion-fusée, il volait à plus de trois fois la vitesse du son, trop vite pour être intercepté par les missiles soviétiques. C'est un avion d'un autre genre mais tout aussi surprenant qui m'attend quelques centaines de mètres plus loin. Un panneau indique l'Armstrong Air Base. Je tourne pour me rendre sur cette base aérienne de la NASA.

À l'accueil, je suis photographié, badgé et autorisé à rentrer. Puisque je suis français, et comme pour toute personne étrangère, une escorte accompagne chacun de mes déplacements sur le site. Coral Clark, petite, blonde, la quarantaine, me guide dans l'impressionnant hangar de la NASA. Le bâtiment couvre 19 500 mètres carrés au sol soit, selon les unités journalistiques en vigueur, cinq terrains de football. *« Ce hangar a servi au tournage du film* Pirates des Caraïbes. *Ils ont dû tout inonder ! »*, m'explique Coral. Nous sommes, il est vrai, à une heure de Hollywood par la route.

Mais je ne suis pas venu aux États-Unis pour observer les stars dans les rues de Los Angeles. Je m'intéresse plutôt aux étoiles de la voûte céleste. Je me dirige donc vers l'entrée du hangar.

Devant un drapeau américain démesuré (au moins la taille d'un terrain de tennis) se dresse un Boeing 747 aux couleurs de la NASA. Sofia *(Stratospheric Observatory for Infrared Astronomy)*, observatoire volant, transporte un télescope de 2,5 mètres de diamètre. En naviguant à une altitude pouvant atteindre 45 000 pieds (environ 14 kilomètres), le télescope survole l'atmosphère et sa vapeur d'eau, ce qui permet d'observer en infrarouge. Une telle observation est absolument impossible au sol, même sur des télescopes de haute altitude. Cette semaine, trois vols ont été programmés dans le cadre du programme scientifique dont je fais partie. Objectif : observer, en infrarouge, la grande nébuleuse d'Orion. Ce nuage de gaz est l'une des pouponnières d'étoiles les plus proches de notre système solaire.

La naissance des étoiles reste l'un des grands mystères de l'astrophysique actuelle. Dans notre galaxie, la Voie lactée, on compte environ 100 milliards d'étoiles dont une grande partie a été formée quand notre Univers avait la moitié de son âge actuel. Aujourd'hui, la quantité d'étoiles formées dans la Voie lactée ne représente plus qu'entre 3 et 5 masses solaires par an. D'où vient ce mauvais score ? Pourquoi ce ralentissement ? Nous savons que les étoiles se forment par effondrement gravitationnel de nuages de gaz d'hydrogène moléculaire. Cependant, certains phénomènes comme la turbulence peuvent empêcher cet effondrement.

L'un des objectifs de notre projet d'observation de la nébuleuse d'Orion est justement de caractériser la dynamique du gaz. Nous allons donc observer les mouvements d'un élément spécifique : le carbone, l'un des éléments les plus abondants dans l'Univers. En fait, il s'agit de l'ion carbone C^+ (l'atome de carbone avec un électron en moins). Certains éléments, lorsqu'ils sont à une certaine température, émettent à des fréquences spécifiques. C'est une sorte de signature dans le spectre électromagnétique (la lumière visible et tous les rayonnements non visibles par l'humain : infrarouge, radio, micro-ondes, gamma, etc.). Si l'élément qui émet cette

fig. La réunion de sécurité permet de se familiariser avec les divers masques à oxygène qu'il faut utiliser en cas de dépressurisation ou de feu à bord. Il faut notamment garder sur soi la sacoche EPOS qui se déplie en un sac jaune, équipée d'une bonbonne d'oxygène.

lumière s'éloigne ou se rapproche de nous, sa signature sera décalée vers la gauche (« le rouge ») ou vers la droite (« le bleu ») sur le spectre. C'est l'effet Doppler-Fizeau. Il s'agit du même effet qui fait qu'une sirène semble plus aiguë lorsqu'elle se rapproche de nous et plus grave lorsqu'elle s'éloigne. En observant les décalages du spectre à chaque point de la nébuleuse, on peut ainsi déduire les mouvements fins de la matière et leur vitesse. La raie d'émission (la signature) du C^+ est l'une des plus intenses dans les nébuleuses, c'est la raison pour laquelle nous l'avons choisie.

#02 | Préparation au vol : la sécurité avant tout

« La première chose dont je veux vous parler, c'est des vêtements qu'il faut porter à bord de l'avion. » Julian Guerra s'occupe de notre briefing. Le technicien prévention/sécurité a la trentaine, une petite barbe taillée, un sweat gris à capuche et une voix monocorde. *« On veut tous être confortables et porter des tissus synthétiques mais, en fait, on recommande de choisir des fibres naturelles comme le coton, la laine ou le cuir. Le mieux, ce sont les habits faits en Nomex, comme les tenues d'aviateur, qui ne prennent pas feu. »* Le briefing nous familiarise ensuite avec les différents masques à oxygène qu'il faudra savoir enfiler en cas de dépressurisation ou d'incendie à bord. Julian insiste sur une petite sacoche estampillée EPOS *(Emergency Passenger Oxygen System)* qui contient une pochette en plastique jaune transparent à enfiler sur la tête et une bonbonne d'oxygène qui s'enclenche automatiquement. *« De toute façon, vous saurez si ça ne fonctionne pas : vous ne sentirez pas le flux d'oxygène, vous commencerez à étouffer et puis le masque commencera à s'affaisser sur votre visage… »* Une fois en vol, il faudra garder cette sacoche sur soi à chaque déplacement, car il n'y aura pas de gros gobelet en plastique avec sachet qui tombe du plafond et qu'il faut enfiler soi-même avant d'aider les autres. En plus des masques à oxygène (en tout il y en a cinq différents), Julian nous encourage à prendre en main les radios de secours et balises de signalisation.

Masques testés, radios soupesées, fiche de présence signée, je suis fin prêt pour embarquer à bord du vol stratosphérique de demain. En m'escortant vers la sortie, un des membres de l'organisation me donne quelques derniers conseils : *« Mets des habits chauds car il fait froid là-haut, achète-toi une tasse isotherme qui se ferme pour le café, tu en auras besoin, et n'oublie pas d'emporter à manger. Il n'y a pas de service à bord. »*

#03 | Briefing avant la mission

C'est le jour J ! Le décollage est prévu à 17h34 précisément. Je dois arriver à la base en avance pour assister au briefing de mission. Cette réunion rassemble les grands responsables du vol : pilotes, directeurs de mission, météorologues, trafic aérien, responsables scientifiques et techniques. Randy Grashuis pilote la réunion. C'est lui qui sera notre directeur de mission. Il invite le météorologue au tableau. Ce soir, la météo s'annonce capricieuse : des nuages à très haute altitude risquent de compromettre la prise de données. *« Si l'humidité est trop élevée, le volet du télescope peut geler et rester bloqué en position ouvert »*, prévient Randy. Se poser avec le volet ouvert dans un endroit humide endommagerait le miroir et immobiliserait l'observatoire pendant des semaines. Mais Randy a un plan B. *« Nous avons assez de carburant pour aller nous poser à Las Vegas s'il le faut. »* Il énonce enfin quelques directives pour celles et ceux qui volent à bord de Sofia pour la première fois : *« Le micro-ondes est interdit pour éviter les interférences avec l'instrument. »* Dans la communauté astrophysique, on ne rigole plus avec les fours à micro-ondes depuis qu'une équipe en Australie a mis des mois à comprendre qu'un signal observé dans leur radiotélescope était dû au four de la cafétéria.

Göran Sandell, un des responsables scientifiques allemands du projet, prend la parole pour faire le tour des objectifs scientifiques de la mission : *« Make astronomy great again ! »* Il ne s'agit pas seulement d'un clin d'œil à la politique américaine, il fait aussi allusion à GREAT, l'instrument installé sur le télescope ce soir. Randy, le responsable, termine en faisant l'appel, serre précipitamment la main des membres de l'équipe du soir et rappelle une dernière fois que le timing est serré. J'ai à peine le temps de récupérer mes affaires avant de rejoindre la piste et de monter à bord.

#04 | Autorisé au décollage

L'équipage ferme les portes, nous attachons nos ceintures et mettons les casques qui nous permettront de communiquer dans cet avion particulièrement bruyant. La tour de contrôle nous donne le feu vert : *« NASA 747 heavy, you're clear for takeoff. »* Nous voilà en route pour la stratosphère. L'appareil n'en est pas à son premier vol. Construit il y a quarante ans, il a servi chez Pan Am avant de rejoindre la flotte d'United Airlines, qui l'a cédé à la NASA en 1997. L'avion a alors subi des travaux pendant dix ans durant lesquels sa structure a été profondément modifiée. Le fuselage a ainsi été découpé à l'arrière pour installer un télescope de 15 tonnes. La cabine a également été réaménagée en salle de contrôle. Sofia est le fruit d'une collaboration entre les agences spatiales américaine (NASA) et allemande (DLR).

Autour du directeur de mission, une douzaine de personnes veillent au bon déroulement des observations. Les opérateurs du télescope gardent la main sur le pointage. La tâche est plus ardue qu'au sol car, en plus du mouvement de rotation de la Terre, il faut corriger le déplacement de l'avion. Un groupe de quatre jeunes scientifiques travaille à une table sous un grand écran. Ils surveilleront la qualité des données récoltées par le télescope. Parmi eux, Cornelia et Ronan, deux collaborateurs du projet avec qui je communique régulièrement par mails. Cette mission nous permettra enfin de travailler ensemble en chair et en os. Je suis installé plus loin, à une table réservée aux *« guest investigators »* ou « chercheurs invités ».

Au fond de la cabine je vois l'arrière du télescope, de la même couleur bleue que les meubles de contrôle. J'aperçois surtout l'instrument GREAT qui transformera la lumière collectée par le télescope en données scientifiques. GREAT doit être refroidi cryogéniquement à quelques degrés au dessus du zéro absolu. C'est aussi pour cela que la température de la cabine ne doit pas dépasser 16 degrés et qu'avant chaque vol, il faut refaire le plein d'azote liquide. Autour de l'instrument, les panneaux internes de l'avion ont été démontés dévoilant un enchevêtrement de câbles et la structure interne du fuselage. L'isolation thermique en prend un coup, l'isolation acoustique également. Le télescope et l'instrument sont montés sur un système hydraulique de stabilisation. *« Il s'agit d'un système assez simple utilisé depuis longtemps pour stabiliser les canons des navires de guerre »*, précise mon collègue Ronan avec son accent irlandais. En cas de turbulence, cette énorme machine semble secouée dans tous les sens. En fait, elle reste fixe, c'est l'avion qui bouge. Dans le cadre de mes recherches, j'ai eu recours plusieurs fois à des observations faites par Sofia. Mais c'est la première fois que j'ai la chance de monter à bord et de pouvoir observer cet incroyable instrument.

fig. haut Le Boeing 747 transportant le télescope est garé avec d'autres avions de la NASA dans un hangar de 19 500 m^2. **fig. bas** Plusieurs équipes de scientifiques collaborent pour assurer le bon déroulé des observations : opérateurs du télescope, opérateurs de l'instrument GREAT qui convertit la lumière en données et scientifiques qui contrôlent la qualité des données en temps réel.

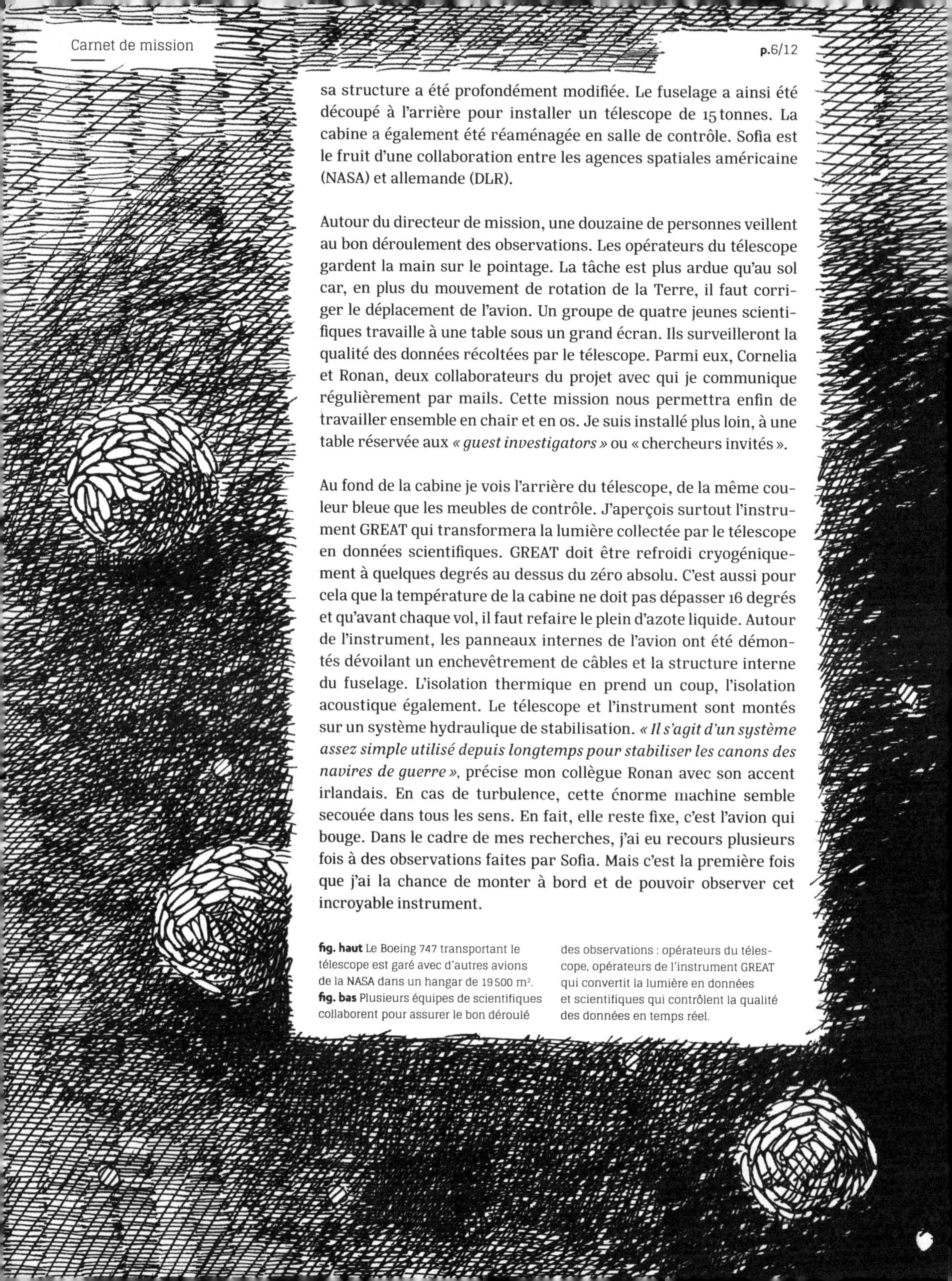

NASA
DLR
SOFIA

OXYGEN MASK

#05 | **Ondulations interstellaires**

Cela fait maintenant près de dix ans que j'étudie la nébuleuse d'Orion. L'histoire commence en 2008 quand, après mon doctorat, je pars travailler au Centre d'astrobiologie de Madrid, en Espagne. On me charge d'analyser un jeu de données énorme, similaire à celui que nous voulons obtenir avec Sofia. Il s'agit d'une immense carte de la nébuleuse d'Orion. *« Orion is a bitch »*, me prévient un collègue espagnol. Je comprends vite ce qu'il veut dire : il se passe tellement de choses dans cette région de formation d'étoiles qu'il est difficile de savoir par où commencer. Jets provenant d'étoiles jeunes, disques protoplanétaires, bulles de plasma en tout genre, vents d'étoiles massives... J'ai l'embarras du choix ! Je décide finalement de me concentrer sur d'étonnantes vagues dans la nébuleuse, un curieux petit phénomène qui n'a encore jamais été étudié.

Je me plonge dans les classiques de la physique pour saisir l'origine de ces vagues. *Hydrodynamic and Hydromagnetic Stability*, de Subrahmanyan Chandrasekhar (prix Nobel de physique, qui a contribué à de nombreuses avancées en astrophysique théorique), m'est d'une utilité déterminante. Je comprends enfin que ces vagues sont le produit d'un phénomène hydrodynamique très connu : l'instabilité de Kelvin-Helmholtz. Derrière ce nom barbare se cache un phénomène particulièrement banal. À la plage par exemple, les vaguelettes formées à la surface de l'eau par le souffle du vent sont dues à l'instabilité de Kelvin-Helmholtz. Dans le cas d'Orion, c'est le vent des étoiles massives (particules éjectées de l'étoile en flux continu) qui serait à l'origine de ces ondulations interstellaires. En déferlant, ces vagues pourraient être à l'origine de la turbulence qui empêche les nuages de s'effondrer et de former de nouvelles étoiles.

Pour résumer, des étoiles, par leurs vents, empêcheraient d'autres étoiles de se former. On appelle cela un phénomène de rétroaction négatif. Ces résultats ont d'ailleurs fait l'objet d'une publication dans la revue scientifique *Nature*. Cette grande fierté personnelle a vite été détrônée par un autre article... dans le magazine *Surf Session* ! Les « vagues de 30 milliards de mètres » ont effectivement de quoi faire rêver les surfeurs ! Avec la nouvelle carte que nous tentons d'obtenir avec Sofia, nous espérons découvrir davantage de vagues, et ainsi mieux comprendre l'origine de la turbulence.

fig. Sur son poste, le directeur de mission centralise les données : pointage des étoiles, plan de vol et sécurité à bord. Il prend les décisions en cas d'imprévu : la présence de nuages de haute altitude implique la fermeture du volet du télescope.

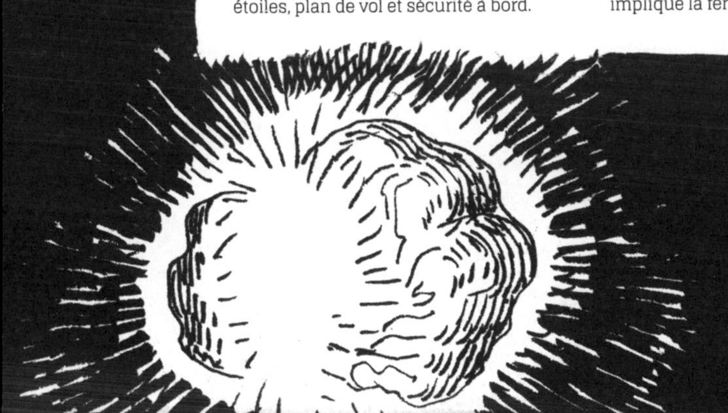

#06 | Zone de turbulences

Tout a bien commencé ce soir. Le volet du télescope est ouvert et l'instrument fonctionne correctement. Pendant les observations, tout astronome rêve de mettre son œil au bout de l'oculaire du télescope pour admirer les cieux. J'ai eu cette chance en 2004 à l'observatoire du pic du Midi, perché à 2 800 mètres d'altitude. Ce soir-là, j'ai pu observer de mes yeux la majestueuse nébuleuse d'Orion dans l'oculaire d'un télescope amateur de 60 centimètres de diamètre. Sur les instruments professionnels c'est impossible, notamment lorsque l'on observe à des longueurs d'ondes situées hors du spectre visible ! Mais Sofia permet autre chose de tout aussi extraordinaire : nous pouvons observer l'arrivée des données en temps réel. Après avoir voyagé pendant plus de mille ans, les photons en provenance d'Orion sont récoltés par le télescope. Les données brutes sont alors transmises aux ordinateurs de bord et traitées en quelques minutes par les algorithmes qu'ont développés les scientifiques en charge de l'instrument GREAT. Les spectres et images tant attendus s'affichent sur un écran de contrôle. Ce que nous regardons nous réjouit : la structure complexe de la nébuleuse, avec ses filaments de gaz, apparaît. Je reconnais ces structures car je les ai déjà vues sur d'autres images. Mais cette fois nous avons plus : nous pouvons voir comment elles bougent.

Tout me semble extrêmement prometteur. Mais Ronan, dont l'exigence a plusieurs fois été cruciale au bon déroulement de notre projet, tempère mon enthousiasme : *« Il faut garder un œil sur ce pixel pour les prochaines observations. »* Selon lui, un des quatorze pixels de l'instrument ne fonctionne pas parfaitement. Quatorze pixels, cela peut sembler peu à l'ère où le moindre capteur photo de téléphone en compte plusieurs millions. Mais il faut garder en tête que chaque pixel de GREAT enregistre bien plus qu'une simple couleur : il empile des milliers de nuances du spectre (en infrarouge), ce qui permettra de déduire de manière très fine les mouvements de la matière. Pour chaque prise de vue, le télescope balaie une zone du ciel pendant vingt-cinq minutes. On obtient ainsi une unité de base, ou « tuile », qui viendra compléter la carte. Il faudra imager soixante-dix-huit « tuiles » pour couvrir la nébuleuse.

Depuis le début de notre programme scientifique, un tiers environ de la nébuleuse a été cartographié. Ronan me montre une ébauche de carte qu'il a obtenue en compilant les premières données de la mission. Elle indique justement les vitesses des gaz d'Orion. En faisant varier les vitesses, on a l'impression de voyager en trois dimensions, au sein de ce gros nuage. Jürgen Stutzki, responsable à bord de l'instrument GREAT, s'immisce dans notre conversation : *« Attention les gars, ces données ne quittent pas notre équipe pendant encore quelques mois. »* La clause de confidentialité est stricte : il faut notamment s'assurer que les données ont bien été « nettoyées » avant d'être confiées aux astronomes.

Quoi qu'il en soit, notre enthousiasme ne sera que de courte durée. *« TLSR, confirmez bien que vous avez compris que nous devons fermer le volet. »* J'écoute attentivement dans mon casque les communications du directeur de mission. Nous traversons des nuages qui ont une altitude exceptionnellement haute. Randy surveille le niveau d'humidité extérieur. Il devient trop élevé. Il enclenche alors la fermeture du volet de 1,5 tonne qui va protéger le télescope des éléments. Ce type de procédure, extrêmement rare, sera renouvelé à trois reprises ce soir ! Du jamais-vu pour la plupart des scientifiques à bord. Heureusement, le volet du télescope ne reste fermé que peu de temps à chaque fois et nous ne perdons, au total, que quelques dizaines de minutes d'observation sur les trois heures consacrées à Orion. Une fois notre séquence d'observation terminée, l'avion effectue un virage à 180 degrés et commence à pointer la galaxie M51, dernier objet céleste à observer ce soir. Je peux enfin boire mon café. Randy me fait signe : il vient d'obtenir l'autorisation des pilotes pour que je monte dans le cockpit.

#07 | **Dans le cockpit**

Il fait nettement plus chaud que dans la cabine principale. Je rejoins Dean et Liz, aux manettes, et Matt, ingénieur de vol, installé derrière eux. Ils portent les combinaisons des pilotes d'essai flanquées à l'épaule d'un drapeau américain. *« La plupart de nos pilotes viennent de l'US Air Force mais ils peuvent aussi venir de compagnies commerciales »*, m'explique Matt devant les centaines de lumières, boutons, actionneurs, molettes et jauges qui font la prodigieuse complexité d'un cockpit de 747. *« Quand ils ont modifié l'avion avec le télescope et l'ouverture à l'arrière, ils ont fait des vols d'essai et ils ont montré qu'il volait quasiment de la même façon que l'avion original »*, nous dit-il. Liz, Dean et Matt commencent à discuter entre eux. On est suffisamment allégés en carburant pour pouvoir grimper plus haut et réduire encore plus la teneur en eau de l'atmosphère. *« C'est vrai qu'en volant bien plus haut que les avions commerciaux, nous poussons l'appareil et ses réacteurs*

à leurs capacités maximales. » Les observations de la galaxie M51 vont bientôt se terminer et nous mettons le cap sur la base.

Ce vol m'a convaincu de la valeur de cet étonnant dispositif. Sofia est le seul télescope qui permet d'observer dans l'hémisphère nord comme dans l'hémisphère sud. Des missions depuis la Nouvelle-Zélande sont d'ailleurs programmées dans les mois à venir. Mais ne serait-il pas plus simple d'envoyer des télescopes dans l'espace ? Ces télescopes en orbite ont effectivement l'énorme avantage de s'affranchir complètement de l'atmosphère. Mais avant de partir dans l'espace, la technologie doit être tellement validée et testée que dès que l'on est confiant pour y envoyer quelque chose, les technologies sont déjà vieilles de dix à quinze ans. Avec Sofia, on peut adapter les toutes dernières technologies et l'instrument est réparable. Comme le disait Alois Himmes, de l'agence spatiale allemande à l'époque de la première observation scientifique de Sofia en 2007, *« c'est un télescope spatial qui rentre à la maison tous les soirs »*.

Alors que nous nous rapprochons de la côte californienne, j'aperçois les lumières de la tentaculaire Los Angeles. Vu d'ici, on comprend mieux pourquoi la pollution lumineuse est un problème pour les astronomes... Le manque de sommeil (il est 5 heures du matin, heure locale), le décalage horaire, le froid, le bruit permanent et l'émotion de l'expérience m'ont mis dans un état second, mais je réalise la chance que j'ai : celle de faire un métier qui me permet encore de m'émerveiller comme un enfant. Dans la cabine de pilotage de ce jumbo-jet reconfiguré, je me perds dans l'incroyable complexité nécessaire au bon déroulé de ces observations.

Tant de talents, de matériel et de moyens mobilisés pour ces missions scientifiques, cela peut paraître fou. Mais cette énergie extraordinaire déployée dans le but de comprendre notre Univers et de produire l'émotion associée à cette compréhension, c'est peut-être cela justement qui nous définit en tant qu'être humains. Je repense à la phrase prononcée par Göran Sandell au briefing : *« Make astronomy great again. »* Elle prend ces dernières semaines un sens plus profond, car ce travail, celui des scientifiques, qui ne sert à rien sinon à développer la connaissance et l'esprit critique, est dans la ligne de mire de l'administration américaine actuelle. À nous, scientifiques et citoyens, de faire en sorte que cette activité et cet émerveillement puissent continuer.

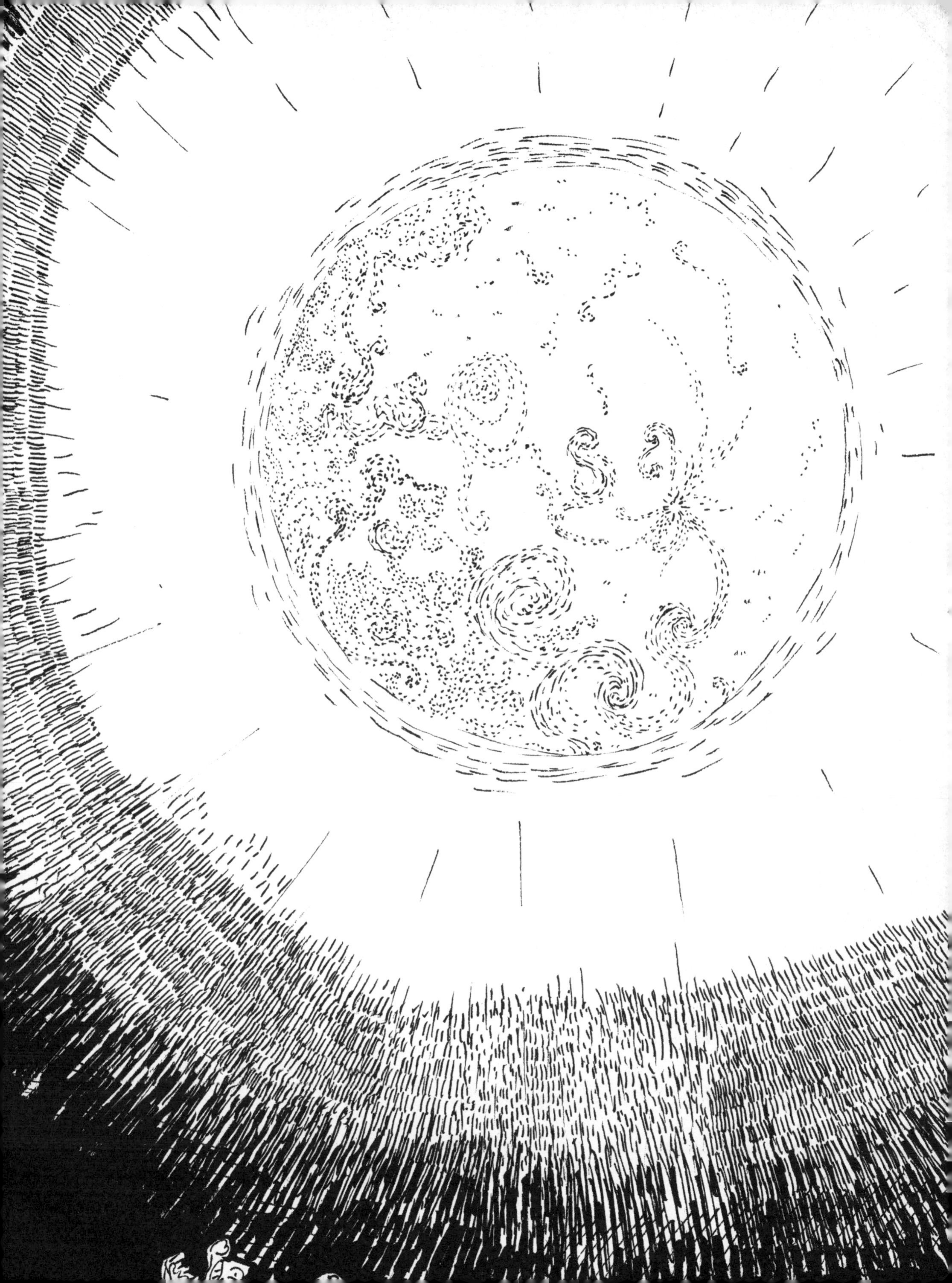

→ Ours

Directeur de la publication
Alain Fuchs

Directrices de la rédaction
Brigitte Perucca
Blandine Genthon

Directeur adjoint de la rédaction
Fabrice Impériali

Rédacteur en chef
Matthieu Ravaud

Coordinatrice éditoriale
Stéphanie Arc

Chef de rubrique
Charline Zeitoun

Rédacteurs
Nicolas Baker
Laure Cailloce
Yaroslav Pigenet

Ont participé à ce numéro
Anne-Sophie Boutaud
Lydia Ben Ytzhak
Olivier Berné (chercheur)
Julien Bourdet
Guillaume Brionnet
Léa Galanopoulo
Henry Laurens (chercheur)
Francis Lecompte
Daphnée Leportois
Louise Mussat
Pascal Sommer (chercheur)
Jean-Baptiste Veyrieras

Secrétaires de rédaction
Isabelle Grandrieux
Émilie Silvoz

Promotion et relation presse
Julien Guillaume
Christelle Voisin
Claire Martz

Direction artistique et conception graphique
Studio w+e : ☺
Noëmi Wüthrich et Claire Espinosa
www.lestudiowe.com

Illustrations
Cécile Carer (p. 88, 90, 102, 108, 114)
Les sœurs Chevalme (p. 44, 166)
Hyacinthus (hyacinthus.fr) dont la bande dessinée, *Cosmogénèse*, paraîtra en 2018 chez Rue de l'échiquier (p. 182–195).

Les jeux graphiques (p. 20, 32, 38, 48, 70, 82, 134, 140, 148, 158, 174) ont été réalisés par le studio w+e

Iconographes
Anne-Emmanuelle Héry
Marie Mabrouk
Christelle Mercier Pineau

Fabrication
Virginie Belcollin
Marie Léman

Photogravure
quat'coul

Impression
Imprimerie de Champagne
Groupe Graphycom
Z.I. les Franchises
52200 Langres

Le numéro 3 des *Carnets de science* sera en librairie en novembre 2017

Retrouvez-nous aussi sur
www.carnetsdescience-revue.fr

Carnets de science
semestriel, édité par CNRS Éditions S.A.
15, rue Malebranche, 75005 Paris

Diffusion / Distribution
Volumen / Interforum

Abonnement
abo@carnetsdescience-revue.fr

N° ISSN : 2497-7152

N° ISBN : 978-2-271-09192-5

Dépôt légal : avril 2017

Photos CNRS : phototheque@cnrs.fr
http://phototheque.cnrs.fr

Crédit photo
fig. p.196 Image de la nébuleuse d'Orion obtenue au VLT (Very Large Telescope) au Chili. © ESO/H. Drass *et al.*

Images couverture
Baliste titan, *Balistoides viridescens* (Moorea, Polynésie française)
© T. Vignaud/CNRS Photothèque
Illustrations : www.lestudiowe.com